民用车模型涂装技术指南

CIVIL VEHICLES SCALE MODELLING GUIDE F.A.Q.

[西] 费尔南多·巴雷霍（Fernando Vallejo）◎著

骆蔚曦　陈　仪◎译

民用车涂装技术常见问题和解决方案

机械工业出版社
CHINA MACHINE PRESS

《民用车模型涂装技术指南》是针对民用车这个细分领域推出的又一部F.A.Q.系列产品。全书继承F.A.Q.系列的风格，从基础素组到复杂旧化，一步一步、循序渐进地讲述民用车模型的涂装技法。具体包括素组、内饰、车身、发动机和底盘、辅助配饰、场景搭配等常用涂装技巧。

图书在版编目（CIP）数据

民用车模型涂装技术指南 /（西）费尔南多·巴雷霍（Fernando Vallejo）著；骆蔚曦，陈仪译 . —北京：机械工业出版社，2018.12

书名原文：CIVIL VEHICLES SCALE MODELLING GUIDE F.A.Q.

ISBN 978-7-111-61081-6

Ⅰ.①民… Ⅱ.①费… ②骆… ③陈… Ⅲ.①车辆 – 模型 – 制作 – 指南 Ⅳ.① TS958.1-62

中国版本图书馆 CIP 数据核字（2018）第 227851 号

机械工业出版社（北京市百万庄大街 22 号 邮政编码 100037）
责任编辑：李 浩 廖 岩 责任校对：李 伟
责任印制：孙 炜
北京汇林印务有限公司印刷
2019 年 1 月第 1 版第 1 次印刷
215mm×280mm · 20 印张·2 插页·150 千字
标准书号：ISBN 978-7-111-61081-6
定价：160.00 元

凡购本书，如有缺页、倒页、脱页，由本社发行部调换
电话服务　　　　　　　网络服务
服务咨询热线：010-88361066　机 工 官 网：www.cmpbook.com
读者购书热线：010-68326294　机 工 官 博：weibo.com/cmp1952
　　　　　　　010-88379203　金 书 网：www.golden-book.com
封面无防伪标均为盗版　　教育服务网：www.cmpedu.com

中文版推荐序一

《模型世界》杂志主编　吴迪

本来出版社邀请我为《民用车模型涂装技术指南》作序的时候我是想推辞的，因为我并不擅长民用车辆这一题材，但是拜读过内容之后，还是决定接受邀请，做一块引玉的砖石。我和小编们都尝试过制作民用模型，经验不多、教训不少，与军事模型相比，民用模型涂装的特点是"一高两多"：工艺要求高、关键节点多、精细操作多。模型制作可以分为"形、色、效"三个阶段，制作民用模型时这三个阶段更明显。

先说"形"，因为民用车的外观大多是简约流畅的线条，所以对素组的要求相当高，前期准备得越充分、制作时才会越顺畅。《民用车模型涂装技术指南》前四章专门面向有心尝试民用模型，但又不知从何入手的朋友全面介绍了需要准备的资料、工具、耗材、辅料、制作方法和注意事项，其中收录了很多近几年出现的新材料、新工具以及增加个性化细节的"小心机"，相信对有经验的玩家也有启发。

再说"色"，从书名就可以看出，"涂装"是这本书的重点，总结这些年的教训，复盘小编们制作民用模型失误的案例，我发现80%的失误都是在涂装阶段，很多时候都是因为选错了工具、用错了材料。该书从第五章开始，循序渐进地梳理了涂装阶段的难点和要点，并给出了解决方案。有朋友戏称FAQ系列为"广告书"，在我看来，这种"广告"还真是多多益善，因为这些有的放矢的实用内容降低了模友的试错成本，能有效地减少"从入门到退坑"这个尴尬现象。

最后说"效"，效是模型能够承载的效果，包括声光、动态、时态等，合理悦目、逼真的效果可以让模型更生动真实，从好看的摆设跃升为打动人心的微缩艺术作品。该书最吸引我的就是最后两个章节，为模型添加效果和设置环境是整个制作过程中最有意思的环节，但是很多民用模友并没有享受过其中的乐趣。

借此分享我的一个观点，我们给模型做旧化效果的目的不是在模型上点一块掉漆、画一道划痕、糊一坨泥，而是为增强作品的表现力，赋予它在某个时间节点上经历的印迹。

就写这些吧，现学现卖收拾我的几个烂尾车模去了，让我们一起做民用车模型吧！

中文版推荐序二

模型岛岛主　李欣

很多模型爱好者制作的第一个模型就是民用车辆模型。那种对现实车辆的爱好，往往会点燃制作模型的热情。但是，受制于民用模型制作参考书籍的匮乏，以及民用模型制作技法的较高要求，比如漆面、分色、水贴，很多爱好者在制作了一两个模型之后就弃坑或者转做其他模型了。

大部分的模型参考书，只是把民用模型作为一个章节，或者只是展示了一些笼统的技法来介绍民用车模型的制作。当收到这本《民用车模型涂装技术指南》的时候，我眼前一亮，这不就是民用模型爱好者最需要的入门参考书吗？

《民用车模型涂装技术指南》从工具介绍到技法涂装，从做新到做旧，从单车到场景，无不围绕民用模型展开。毫不夸张地说，如果能把本书所有技法都掌握，你肯定能做出令人满意的民用车辆模型。

中文版推荐序三

模型网站长　苍紫

民用车拼装模型一直是拼装比例模型里较为特别的一种。作为拼装模型的一个门类，它的制作过程和军事车辆模型较为类似，但是在涂装方面却与军事车辆模型有较大的不同，民用车模型主要的制作目的，是要表现如真车一样的车体表面的漆层质感，以及还原整车的机械结构。因此要在组装阶段就对零件进行较多的处理，如打磨水口、合模线，有瑕疵的地方需要补土来完善，然后是多次的不同漆的喷涂和无数次的打磨抛光，中间可能会夹杂很多次失败，有时候也许一根毛发就会毁掉一个漆面，在多次反复后，最终才能做出一台完美的民用车模型。

在民用车模型领域，很多人会拿拼装车模和合金成品车模做比较，诚然，现代工业技术已经使合金成品车模进入了一个高速发展的阶段。一些高质、高价的合金成品车模在各处的细节和漆面上也相当接近甚至超越拼装车模，但是归根结底，制作模型是一种爱好，是一个乐趣，繁杂的制作过程后的巨大成就感是合金成品车模永远无法带给你的。

《民用车模型涂装技术指南》作者是一位非常资深的民用模型制作专家，也是那种既能做得好、又能讲得好的高人。书中对各种比例、各种材质的民用车辆拼装模型进行了比较系统的介绍，对从制作到涂装的一系列步骤都有详细的教程。

不管您是民用车模型制作的新手还是老手，相信都能从书中汲取足够的养分，本书将在模型制作的路上助您一臂之力。

前言

　　《民用车模型涂装技术指南》适用于各个阶段的民用车辆模型爱好者，无论对新手、中级玩家还是进阶高手，它都可以提供帮助，成为灵感源泉。本书结构合理，不管是制作初期的材料和工具的选择，抑或中后期的组装和上色步骤，读者都可以在不同章节内找出民用车辆模型制作过程中所遇问题的解决方法。书中提供的方法浅显易懂，对各位手头的烂尾和未来作品都会有相当大的帮助。

　　这本制作指南最初来源于以问答形式解决制作过程中难题的札记，随着框架的逐步确立，它自然而然地演变成以这些问题为基点并拓展开来的制作手册。因此，该书的目录相当于按图索骥的地图，供读者方便地将书中内容运用到实际模型制作中去。

目录

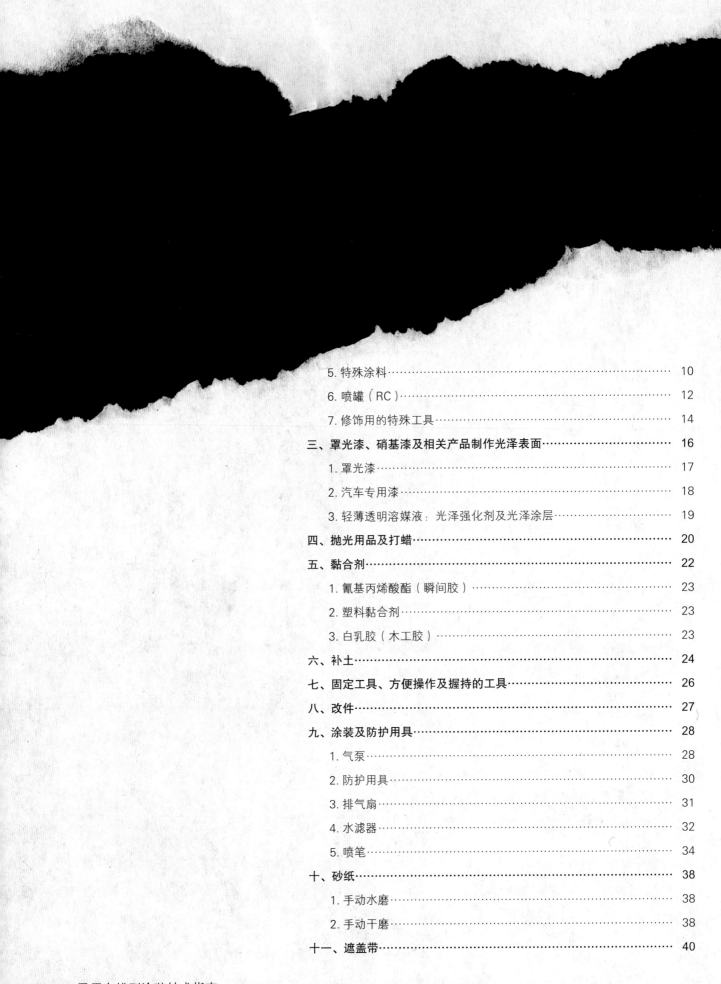

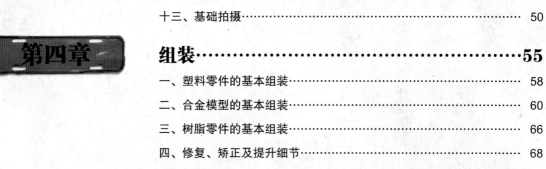

第四章 组装·· **55**

第五章　车体内部涂装技法 ················· 136

第六章　机械零件及底盘的涂装 ················· 156

第九章

旧化技法 ·· **247**

第一章

引 言

我们为何制作及收藏比例模型？

是不是经常有人看着作品这么评价："这不是儿童玩具吗？"

模型，不仅仅是一种小众爱好，也并非一小撮爱好者的狂热；它更是一门艺术，进而可以理解为对真实的还原；从某种意义上来说，它还是我们现实生活中需求和欲望的映射。

说到民用模型，特别是民用车辆模型（也就是本书阐述的重点），模型制作者们总是千方百计地通过每一件模型来发展技术并提升技巧，以实现自己心中理想化的完美。

其实这种完美并不存在。每一种形式的艺术，都不可避免地掺杂着个人的解读和品味，以及对完美的理解，但这正是模型艺术体现的伟大之处。一台车辆，可以是崭新的，肮脏的，抑或是经历岁月洗礼、布满使用痕迹的。

仅仅只是欣赏盒中的套件就能让爱好者们欣喜不已。事实上，没有哪个模型制作者能够达到绝对的完美，正如世界上没有哪个画家的作品能够让每个人都喜欢。我们都有自己受之鼓舞，并去崇拜和模仿的人或作品。因为我们认为新技法的学习实践和优秀制作者的影响能够让我们的作品更加贴近现实，并能进一步提升我们的满足感。

同时，模型收藏家也是不得不提的另一个群体。有些模型制作者本身就是收藏家，双重身份不可分割。如果我们问玩家"你这一年买了多少模型"，再问问"那你今年做了多少模型"，两者数量几乎肯定是不相同的。那些爱收集古币的人在某种意义上来说和模型玩家有些相似，但总体看来，我们这些爱好者是被误解的小众。我有个哥就是快乐收藏的典型，每当找到一套稀罕模型就肾上腺素暴增，感觉无比满足，然后兴致勃勃地打电话向我报喜，说他已经将此套件纳入囊中。购买模型也是这项爱好的乐趣之一，也有些爱好者受限于时间或技术的原因无法制作模型，但单纯的购买就能给他们带来极大的愉悦和满足。我们中的大多数人也不会作画，但我们愿意购买画作并将其摆放在家以供欣赏。虽然对于我们来说，模型是一种生活方式，甚至是一份工作，但无论如何，这项爱好最根源的核心还是——热爱并享受它。

有些模型常年在市场上属于大路货；另外一些则很容易断货，时常吊足我们的胃口，让我们心心念念啥时候会再版；还有一些则是所谓的限量或纪念版，搞得我们手足无措，不知是该开盒制作或是束之高阁，供在橱柜上成为我们的长年堆积品。

《民用车模型涂装技术指南》的初衷是将世界顶级模型制作者的制作方法、窍门及技术汇集大成，利用这些技术手段，我们

可以更好地享受模型，并激发您的制作欲望来清除家中的堆积品，做出精美的老爷车、拉力赛车、F1赛车、摩托车，以及各种废弃的车辆。

我们总是会有未完成的模型，也会不断购买新的套件，这就是为什么这项爱好长盛不衰的原因。

希望这本技术手册能够对读者有所帮助，让读者在制作下一个模型时享受到更多乐趣。那就让我们开始吧！

民用比例模型爱好者大致可分为三种：收藏者针对自己的收藏方向，对藏品的要求是多多益善；强迫症玩家则要求将现实极致地忠实还原，任何细节的遗失或错误都是不能容许的；艺术家则千方百计在模型上独辟蹊径。对于三种玩家，他们的追求都值得尊敬，该书适用于所有这些爱好者。

接下来我们将会向各位展示世界顶级模型制作者的技法，通过对细节制作、涂装及后期效果的阐述，来帮助大家玩转不同比例的模型。这是一本制作手册，希望能通过各种大师级作品，燃起读者熊熊的制作热情。

《民用车模型涂装技术指南》并非只是一本单纯的问答汇总，读者可以在这本手册中通过不同的章节标题按图索骥寻找答案，并依此由点及面地进行辐射及发散，全局掌握并运用民用车辆制作的各个步骤。

第二章

开工准备

一、重要工具及相关资料（考证）

　　开工之前若有可能，建议大家多找些模型相关的资料信息。有时候只能上网查询，有时候却能从其他多种渠道获取相关的历史、照片等信息。这就要看个人功力了，每个人都有自己的方法，书籍、网络甚至邻居的车库都是我们的好老师。同时，由于网络功能的强大，我们也可以在论坛上向人求助。获取信息的多少和成品的真实性呈正相关。众所周知，模型的制作界限并不只是在市售的套件上，改造加细的产品则又有另一番天地：各类补品、可动零件等，不胜枚举。

　　模型的世界有着无限可能，我们应当不忘初心，牢记快乐模型才最重要的。通常来说，开盒直做并上色是最轻松的减压方式，选择合适的套件才能让我们好好地品味制作过程，并直接影响成品的效果。底漆的使用和塑料的本色对成品的颜色也有直接的作用。因此，开工前将所有这些因素都考虑周到，实在是很有必要。

阅读组说明书并仔细研究其中的步骤，可以使我们明确亟须改造的部分，从而构思出最合适的解决方案，诸如细线等材料在制作精细复杂的结构时常能派上用场。另外，通过阅读说明书，也可以让我们决定是否将车身和其他零件分开制作，因为车身和其他零件通常使用不同的制作方式。开盒之后，当务之急是分析零件，一边检查是否有损坏，一边分析并决定哪些地方需要进行加细改造。

此外，套件的价格和质量往往不成比例。许多品牌的产品只有基础的细节，留出很多改进的空间，而加细改造的补品和零件则由其他厂家出品。

有些车型的选择余地相对较小，但其塑料射出件的质量和细节水准在逐年提高。有些模型细节精良，组合度优秀，有些产品则非常糟糕，因此选购前还是应该先仔细看看套件内容，以免仓促下手，开工后才悔之不及。

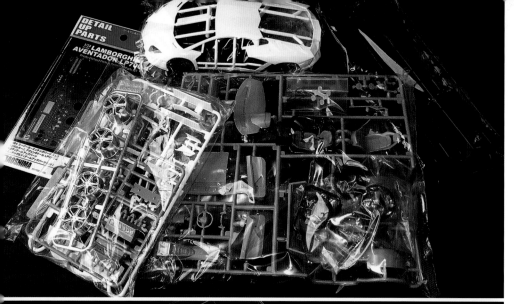

二、市售套件分类

1. 塑料套件

塑料套件最为普遍，质量最好，其原理是用高压将高温的有色塑料射入钢制模具，而每个零件和流道都有一个连接点。这类套件一般都需先进行 3D 建模，有些还包含非常复杂的零件。诸如田宫、长谷川、伊达雷利等大厂已经将这类工序娴熟运用了多年，因此制出的零件细节丰富，外形非常准确。

2. 合金套件

合金套件通常被用在小比例模型上（主要是 1∶43），虽然也是用射出模具的方法，但原材料昂贵许多。多年以前，金属铅就被下了禁令，只能用于混杂其他金属制作合金之用。合金材料包括：锑，自然界中以硫化物形式存在，颜色较浅，是一种优秀的着色剂和固化剂；铋，本性较脆，容易着色，本色灰白，通常作为染色剂使用；锌，呈蓝白色，如果和纯铜混合就能制出黄铜，如果将纯铜和锡混合则产出青铜，抗氧化性更好；锡，较软，延展性好且闪耀金属光泽，它能提高合金的抗腐蚀性；最后就是铅，延展性好，易熔，呈蓝灰色且柔软。纯粹的金属铅很少而且有毒，故铅通常含有硫砷，以盐的形式存在。这类材质也经常被用在加细改造的补品上。

3. 树脂套件

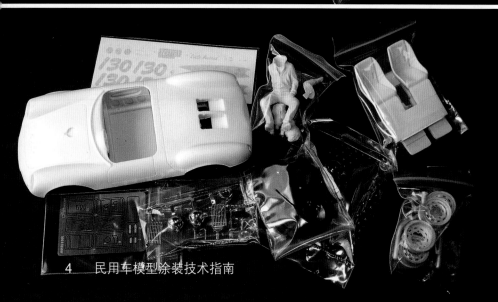

由于树脂套件产量较少，且制作成本高，所以往往价格昂贵。这类聚氨酯树脂一般是双组分的，原料很简单，通常是 A 和 B 等比混合而成。购买时千万记得检查套件，因为翻模过多的话，零件往往会细节模糊。此外，不同厂家的品管水平良莠不齐，成品质量也是大相径庭。

工作台也是不得不提的一个重点。如有可能，工作区尽量使用自然光照明，这样开工以后才能感到舒适且不容易疲劳，还能省去很多麻烦。工作台应该是个轻松愉快的地方。有时候我们会同时开工不止一套模型，好的工作台能够舒缓压力，使制作过程更加愉快。模型的储存和收藏也是一门学问，进行到涂装环节准备开工下一盒模型的时候尤其重要。工作台要时常保持清洁和整齐，这样效率更高，制作时间也会相应缩短。有个小诀窍请大家记住，黏合剂和涂料一般要放在模型的后方，未开工时记得保持密封，以免不小心洒在模型上。此外，制作时灯源要和手部相对，这样才能避免逆光制作。

第三章
民用车模型制作实用工具

本章将会阐述全套的基础工具，对于常规的模型工具不会赘述，只会重点讲解民用车辆需要用到的基本工具。

一、底漆补土（水补土）

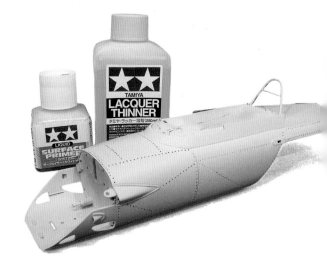

底漆补土有两大基本作用，一是增添后续漆膜的附着力；二是保护塑料、树脂及合金零件表面免遭某些腐蚀性强的漆膜破坏。同时，由于塑料成型色不同，底漆补土还可以增添颜色的立体感。硝基系、珐琅系，或者聚氨酯系等材质的涂料都可以用作底漆补土。有遮瑕效果的补土（能够填补微小的缝隙）也非常好用，这类产品可以很好地遮掩零件上类似砂纸打磨的划痕等细微的瑕疵。同时，涂底漆补土可以作为正式上色之前的最后检查，从而发现微小的瑕疵并加以修正。谈到底漆的颜色，由于表层漆膜并非完全不透明，因此也必须考虑到它对后续涂装色调的影响，不同颜色的差异是很大的。如果底漆分别为白、黑、灰，那么车体表面的红、黄或其他浅色就会呈现出不同的色调。

根据表层漆膜的不同颜色，我们要选择不同颜色的底漆补土。如果车体漆膜为红色或亮黄色，除非我们有意要制作出不同色调的效果，否则底漆补土应该毫无疑问选用白色；黑色的底漆则适用于灰色、金属色及暗色调面漆。底漆若是灰色，则几乎适用于任意一种面漆颜色。

这类产品不是用来掩盖缺陷的，它们只能起到保护零件及增强漆膜附着力的作用。麻烦的是，每一种产品都要用相应的稀释剂来进行稀释。底漆补土不能过厚，应依照少量多次的原则逐层进行喷涂。切记最终的成品表面是通过表层漆膜来表现的，底漆补土只是一道增加附着力的中间涂层。

二、涂料

我们可以灵活运用涂料在模型表面做出多种不同的效果，历经风吹日晒的感觉、锈迹斑斑的效果、亮光闪闪的表面，都可以信手拈来。对于任何模型，我们都可以通过不同的涂装手段来实现我们想要的效果。因此，了解这些涂料并熟练掌握相应的技法，才能做出最好的成品。虽然过去我们常常使用亨宝这类珐琅漆，但如今的市场日新月异，我们有数量众多的漆类及品牌可供选择。这就是为什么现今的模型爱好者们拥有极大的自由来选择最适合自身技法风格的涂料。无论什么情况，在使用以前，我们对每一种涂料的特性都应了如指掌，而且也应明确我们期望的成品效果是怎样的。当色泽、亮度及漆膜的硬度仅使用一种漆膜来表现，称为"单层漆膜效果"，这种效果只能用高强度的涂料来实现，水性漆、硝基漆及珐琅类的涂料都挺适合；不必赘述，两道涂层就是所谓的"双层漆膜效果"了，其中靠里的底色涂层用来表现基础颜色，靠外的涂层则用来表现罩光效果，它的主要作用是做出光泽表面并增加底色的附着力。通过这种双层漆膜效果，我们可以做出晶状、金属、珠光等各种特殊效果，这类效果在现代汽车的外壳上十分常见。

1. 水性漆（丙烯漆、亚克力漆）

水性漆已经成为如今最炙手可热的涂料类型，大多数人很喜欢将它们用于底色及细节涂装上。虽然渍洗、滤镜等环节比较少用水性漆，但只要清楚这类漆的特性，理论上也是可行的。这类涂料以其低毒、少味、水溶等特点成为模友们的新宠，而且速干、易用更是它们的过人之处。依据涂层的厚薄，一般来说，建议各位留出 12~24 小时的时间供其干燥，一旦干燥，它们对稀释剂就几乎免疫了。这类涂料可以和其他性质的漆类相得益彰，做出优秀的双层漆膜效果。Vallejo 漆算是其中比较典型的品牌之一，虽然不适合直接喷涂，但笔涂的遮盖力算得上是首屈一指。如今，无论笔涂还是喷涂都有许多相应的产品，例如 AK Interactive 系列。此外，Vallejo 也有出品水性渍洗涂料及其他产品，用来做出不同的效果。

2. 硝基漆

　　硝基或半硝基漆的用途十分广泛，不过它们并不适合笔涂。这类涂料不易清洗，因为它们并不能完全溶于水。所以为了顺利使用，我们先得使用特定稀释剂来稀释，再进行喷涂。请大家特别关注 AK 的真实颜色系列，它可以高度兼容市面上的其他相关产品，而且也可以直接用清水稀释。硝基漆的质量通常都不错，内含的颜色颗粒极细，但它们的毒性会比水性漆稍高。依照品牌的不同，硝基漆完成后的表面效果介于粗糙磨砂和轻微缎面之间。如果要在表面进行其他工序，建议干燥时间为 24~48 小时。这类涂料最常见的品牌就是田宫、郡仕，还有时下很流行的 AK 真实颜色系列。

3. 珐琅漆

　　在水性漆普及之前，珐琅漆是最受欢迎的涂料，模友们用它作为底漆，或做出各种效果（比如干扫），甚至涂装人物用的也是它，当时最流行的品牌是英国的亨宝。时至今日，硝基漆和水性漆已经将珐琅漆作为底漆的地位取而代之，其中一部分原因是珐琅漆的干燥速度太慢，而且毒性较高，它的干燥时间从 24 小时（高度稀释）到 72 小时（涂料较浓）不等。总体来说，珐琅漆算是一种整体质量比较高的涂料，缺点是比硝基漆和水性漆毒性更大且味道更刺鼻。最近几年，珐琅漆在后期旧化使用的场合比较多，它能做出比硝基漆和水性漆同级产品更好的效果，滤镜、渍洗还有其他许多技巧都离不开它。预先稀释，即开即用的珐琅系产品在模友们中很受欢迎，厂家生产的颜色也较全，使用起来十分方便。

4. 溶剂和稀释剂

溶剂是由厂商选定，事先添加在涂料里以保证漆体性状正常的化学成分。它作用于涂料中的树脂成分及色粉，将它们混合，从而形成我们使用的模型漆。大家不要把稀释剂和溶剂混为一谈，稀释剂才是我们平常使用的东西，用来稀释涂料并保持其特性，增添流动性，以使漆体能够适应喷涂、滤镜、渍洗及其他后期旧化等各项工序。

这些稀释剂必须和涂料的基质相容（成分相同）才能保证不同的漆型性状稳定，而且稀释剂的质量高低也会直接影响它们和涂料的相容程度。早些时候，大家常常喜欢使用松节油或松节油精，但这实际上是不对的，因为松节油类产品的作用太强，控制不好的话很容易令我们的作品毁于一旦。专业稀释剂 White Spirit 质量更好、刺激性较低以及对涂料的损伤更少，它才应当成为我们的不二之选。它的主要成分是一种石油馏分，能够和珐琅漆、油画颜料及色粉（旧化粉、天然土等）相得益彰。它不会损坏模型底漆，使用起来十分顺手。这种无气味物质对漆膜的破坏性甚至比稀释剂本身还要低。大家要特别注意，尽量不要使用或少用一些所谓的通用稀释剂或非艺术专用的稀释剂，例如一些标榜强效稀释剂的化工品或者用来稀释非模型专用漆的稀释剂都属这类。这些产品的价格低廉，但往往破坏性强，毒性也大，不仅能破坏漆膜，甚至经常还会对模型本体造成伤害。比如用来稀释丙酮类产品的稀释剂用在补土类的工作上勉强可以，但直接接触塑料会对塑料本身造成直接的伤害。

总之我们要牢记，只要能力允许（特别是喷涂的时候），尽量使用品牌厂商推荐的稀释剂（或同厂的对应产品）。这些品牌厂家一般都花费了大量的时间来研制最合适的配方，最大限度地减少后续工序可能出现的问题。同时，厂商一般也会推出性质合适的添加剂来优化流动性，以及催干剂、促进剂、缓干剂等作为配合使用。这些产品在涂装过程中都能或多或少地为我们提供帮助，甚至成为操作某些特殊技法的必备工具。

5. 特殊涂料

民用模型是模型界里的一个特殊分支，成品的表面效果往往和其他类别的模型大相径庭。因此，我们时常需要用到一些特殊的涂料。下面介绍的是一些不同品牌的汽车模型专用涂料，颜色的细分甚至具体到不同的车型。在接下来的章节中，罩光漆、金属漆、镜面等词汇会反复出现，因此现在熟知这些特殊涂料是相当有必要的。

零号漆（Zero Paints）

零号漆是一种常见的溶剂型涂料，经常用作底色漆使用。其漆膜相对较为暗淡，需要再进一步涂面漆。使用时，结实的底漆补土必不可少，否则这种涂料会伤及模型表面，而且时常还会出现附着性不佳的情况。该品牌主要有四大系列：普通色、金属色、珠光色及透明色。由于该漆出厂时已调整好浓稠比例，使用时建议用 0.3 毫米或更大口径喷笔直接进行喷涂即可。当然，用同厂的稀释剂进行稀释也是可以的。一般这种漆的保质期为一年。

重力漆（Gravity Colors Paint）

重力漆是一种硝基漆，最适合用来进行底色涂装。该产品也是预先调好浓度，直接喷涂即可。这种漆的优点是速干及遮盖力良好，干透后不褪色，操作起来十分简便。重力漆的金属和珠光系列内含极细的金属铝粉，用在 1:24 的车辆模型上尤其适合。该品牌有三大系列：纯色、金属色及珠光色，纯色内不含金属颗粒。喷涂时，预先涂底漆的步骤必不可少，一方面保护模型，另一方面也可以增强附着力。该品牌也有稀释剂和底漆补土，可以方便地用在塑料、树脂及金属模型上。

干透后，漆膜表面会呈现半光泽效果，但若要做到极致的镜面效果，则需再喷透明罩光漆并抛光打蜡。切记不要用水或酒精稀释该品牌涂料。

金属漆及其相关产品

在其余的品类中，金属质感漆面的硝基漆应该是最受欢迎的了。这种优秀的涂料使用后形成的涂层既薄又致密。金属漆中最重要的就是其中所含金属颗粒的大小，水性漆和珐琅漆就很难表现出镀铬效果。不过不用担心，市售产品还会为我们提供其他解决方案。我们可以选用蜡基涂料，这类涂料可以用专用稀释剂稀释，用软布抛光后的表面与实物相差无几。干透后，可以在漆膜上使用其他各种类型的涂料进行旧化，不过干燥时间需要 24~48 小时。

此外，金属质感和镀铬还可以用电镀效果粉通过擦拭来实现。最后我们还有一张王牌，市售的马克笔也有相应的颜色，可以进行金属色的细节涂装和修饰。其中，莫洛托夫（Molotov）这个牌子效果不错，值得推荐。

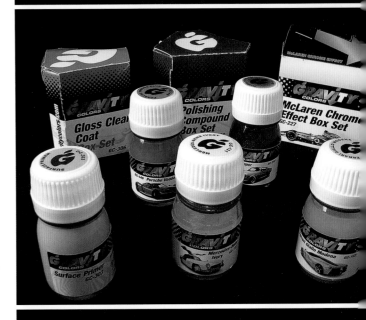

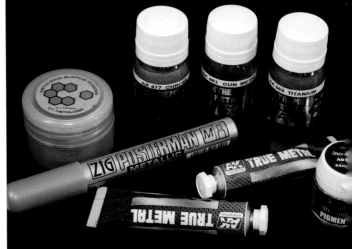

糖果色涂装（电镀色涂装）

既然说到上色，那就不得不提时下很流行的这类所谓"糖果色"，很多追求个性的玩家都会用这类颜色来涂装自己心爱的汽车、卡车和摩托车。这类涂装使用了各种颜色的透明涂料来呈现出流光溢彩的鲜艳色泽。通常做法是在金属底色上再覆盖一层涂料来表现不同的效果，因此我们可以在银、铝、铬等金属底色上喷涂透明色，成品效果将非常惊艳。我们可以使用一些特殊技巧来强调这种效果，但要把糖果色和珠光及金属色区别开来，后者的金属颗粒已经完全融入颜料，而糖果色则是金属底漆上的透明涂层做出来的效果。根据涂料中所含金属颗粒的大小不同（粗目、中目、细目、极细目），成品效果也不尽相同。

涂料和色泽

虽然透明色涂料有很多种，水性亚克力漆、溶剂型亚克力漆、珐琅漆等，但除了"糖果色"（Candy Colors）品牌之外，大多数透明色涂料都不是用在模型专用领域上的。虽然你也可以用它们做出很不错的效果，但由于它们本身只是被用来做一些简单的透明零件涂装用，因此色系太少，仅有绿、蓝、红、黄、橙等几款。一些诸如零号漆以及Alclad等模型品牌也有自己的糖果色系列，操作起来和使用AK珐琅透明色（红、绿、橙）和三种Vallejo超级色（水性聚氨酯涂料）做出糖果色效果的范例是一样的。我们列举了不同成分的涂料，是要向大家反复强调，只要金属底漆基础打好，任何透明色涂料都可以取得满意的效果。

金属底漆喷涂

之前说过，金属涂料中的硝基漆是最受欢迎的。范例中，我们将压强调至1.5巴（1巴≈1千克），使用铝色进行金属底色喷涂。再喷涂一层极薄的透明色作为中间效果涂层，每层之间需要等待若干分钟干燥。

最终效果

喷涂透明色涂料的方法和之前一样：首先极薄地喷涂一层，避免后续的涂装出现问题。如果不希望成品表面坑坑洼洼，喷涂时就必须严格遵守这些步骤。请大家注意，透明色涂层喷涂后是可见的，不同涂层的喷涂方向要遵循十字喷涂法，每一层的喷笔走势要和上一层垂直。如果不小心在模型表面停留太久导致漆膜过厚，我们会发现涂料的堆积会导致局部变暗、颜色更深。所以可以得出结论，涂层越厚，颜色越暗沉。我们在车身等大面积喷涂时要注意，随时检查喷涂的层数，注意喷涂的连贯性和表层的均匀，这样才能最大限度避免瑕疵。

6. 喷罐（RC）

　　喷罐，就是将液体涂料压缩后装在罐体内，利用压力将涂料从喷口射出的工具。由于方便易用，它在民用车领域尤其是遥控车模圈子里很受欢迎。要达到良好的效果，涂料的质量（附着力、颜色微粒大小及完成后的强度）十分重要。但大家也必须牢记，喷口的清洁和维护也是关键，否则后续的连续喷涂很有可能会出现状况。建议大家使用蘸了稀释剂的细布仔细擦拭，如有必要，甚至可以将喷口直接浸泡在稀释剂里把干硬的残漆洗去。

　　喷罐最大的问题是压力不稳定，它不像喷笔一样可以方便地调整压力和出漆量。进一步考虑品牌统一性的话，使用喷罐时常会找不到我们所需的颜色。

　　使用喷罐喷涂车体应该是最简易方便的懒人方法了。使用前，建议先将零件固定好，避免和手直接接触，同时还要注意方便零件旋转。将喷罐摇匀后，距 20 厘米左右小心地连续移动进行多层喷涂，注意不要使涂料堆积在一个地方。

　　使用喷罐时，涂料很容易堆积在喷口，手边应该准备一块软布随时准备擦拭。喷射的气流会使涂料粉碎后均匀地附着在模型表面。完工后，记得立即擦拭，避免干燥后的残漆堵塞喷口，影响下次使用。

　　这类工序适合在常温下操作，因此使用前应使罐内温度保持在常温状态。例如，我们可以在使用前将喷罐泡在温水里，温度合适了再取出使用。

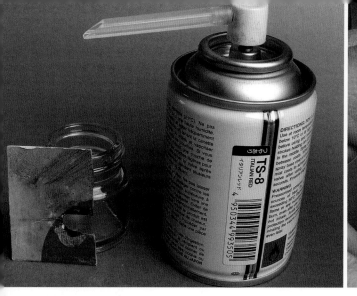

　　如果喷涂时不小心喷过量，应立即停止喷涂并待涂料干透。待完全干燥后，涂料过多的地方会变得不太显眼，几乎看不出色差；但如果还是看起来别扭，那就得进行打磨并抛光，然后再进行重新喷涂。切记一定要保持耐心，慢工出细活。

　　大家还需牢记，喷涂过程不能太贴近零件。少许的阻塞和罐内漆液的不当混合都很容易引起涂料飞溅，从而毁掉我们的作品。同时，还要注意别让喷口滴出涂料，如果发生这种情况，应立即更换喷罐，以免出现不可收拾的情况。

　　有时候，我们需要使用指定色或调配成实车颜色的喷罐。这种情况下，可以直接喷涂，或将喷罐中的涂料倒入喷笔后再进行喷涂。做法可以参照下面的图片：准备一个空的颜料瓶和自制的盖子将涂料喷入颜料瓶中。这么做的目的是因为喷笔使用起来更容易控制压力和出漆量。不过这种做法肯定耗时更多，也更加折腾。

7. 修饰用的特殊工具

我们也会用到这类特别的模型专用马克笔。它们和实车颜色相同，用来修补车身的细节非常合适。我们可以用它来修补较小的瑕疵，例如轮廓、边缘等细节。

不同颜色的永久性马克笔在民用车模友中很有市场，尤其是那些追求金属材质效果的，马克笔可以做出很多不同的效果，例如镀铬的细节或轮毂。马克笔由于使用简便、颜色牢固、价格低廉，多年来一直很受欢迎。不过这类产品也有其局限性，在大面积的平面和曲面上，由于我们要求平滑和均匀的效果，马克笔比较难以发挥作用。

马克笔中的色粉其实和喷涂用的涂料成分相同，因此我们可以像珐琅漆一样进行溶解，甚至还可以进行喷涂。

较小的笔尖保证了我们能够轻松地对颜料进行控制。

铬银色马克笔可以轻松修补镀铬零件，也可以直接进行涂装，效果非常好。

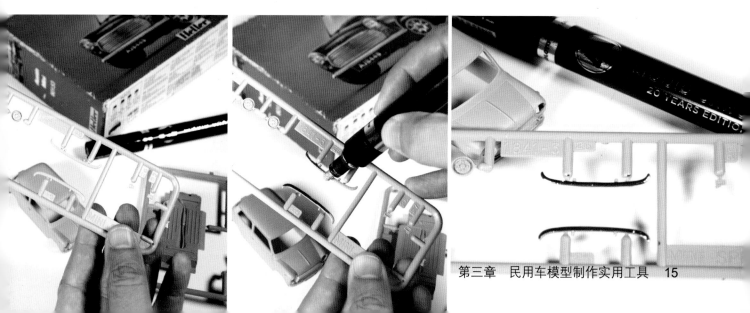

三、罩光漆、硝基漆及相关产品制作光泽表面

当今流行的涂装和旧化技法不断升级，要求模友们有更多样化的技巧以及更周密的部署，最后往往都需要整体喷涂罩光漆来保证漆膜不被后续的步骤所破坏。此外，我们有时还会利用光泽、半光泽和消光的微妙差异来营造更具真实感的作品。大多数民用车辆模型都会用到这类技巧，这就相当于为模友提供了利用多种产品、使用无数方法来寻找模型之乐的平台。老旧的车辆饱含岁月痕迹，锈迹斑斑的部位呈现消光效果，留有原先漆膜的部位则为半光泽效果；崭新的拉力赛车周身包裹着光泽的镜面效果，车身上缀着干湿交错的泥点。我们可以综合多种可能，将作品打造得别具一格。

汽车专用漆在民用模型领域也很常用。这类涂料长期以来也被用在实车的涂装上，成分配方基本上都没变过。虽然品牌之间各有不同，但这类产品几乎都有较大毒性，使用时应戴好手套，滤芯式防毒面具也必不可少。此外，房间也要保持通风。

要想做出完美的漆膜，也就是顺滑平整的光泽效果，最重要的一点是要实现工作台的无尘化。这点非常重要，因为任何一点微尘都会附着在涂料或罩光漆上成为漆膜的一部分，除了干透后强行打磨，没有办法将其去除。所以，作业前一定要预先清洗工作台并向周围的空气喷水，从而减少环境中的粉尘。喷涂完成后，要立即将模型罩起保护好。这个步骤一定得用喷笔来完成才能得到满意的效果，笔涂是不可能做好的。

几年前，曾经流行过一种清洁地板用的产品叫作 Future，很多人把它当作罩光漆使用。正如其名，这种产品在美国被称作液态地板抛光蜡（在英国叫 Klear）。现在已经无法考证是什么人最先把它用在自己的模型上，但大家似乎很喜欢这种便宜又好用的产品。如今除了用作车身的罩光漆，似乎没人把它用在其他地方，把一种原本用于家庭清洁的产品用在模型上肯定会产生很多问题。这里不作推荐。

罩光漆的效果。

1. 罩光漆

　　罩光漆是真正风靡全球的产品，任何接触美术的人都少不了用到它。虽然说到底也只是一层简单的保护漆，但如今大家都意识到，它对成品的最终效果起着决定性的作用。罩光漆是由溶解在溶液中的油性或树脂类成分组成，亚克力或珐琅系的都有。

　　罩光漆其实和传统意义上的涂料并没有太大差别。实际上，除了不包含颜色微粒（色粉），其他成分跟涂料是完全一样的。不同品牌的罩光漆分别包含不同的树脂类成分，溶解在不同的溶剂里。溶剂挥发后，这些树脂类物质一经硬化，就会在模型表面形成一层保护膜。美术中比较常用的罩光漆有两种，一种是从松香和植物精油中提炼的天然产品，另一种则是人工合成的。天然的时隔多年很容易泛黄，少部分人工合成的也会，这主要取决于树脂的质量和抗光性。

　　罩光漆可以根据内含的树脂类型、组分不同、稀释剂不同来进行分类。毫无疑问，目前最受欢迎的是油性和氨基类产品，它们笔涂喷涂均可，用途广泛，而且毒性和气味相较其他同类产品也低得多。

　　根据漆膜对光线反射的多少，我们可将罩光后的干燥成品表面分为三类：消光表面仅有 10% 反射光，半光泽有大约 40% 反射光，而光面 / 亮面则反射了 90% 左右的光线。

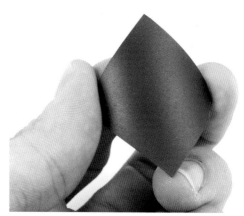

半光泽罩光漆的效果。

消光罩光漆的效果。

2. 汽车专用漆

这类涂料也很常见，干透后形成的漆膜十分牢固，表面也很工整。它一般是 A+B 的双组份：A 是漆体本身，B 是各厂家自行添加的催化剂，使用起来常常要用户自行添加溶剂才行。这个步骤非常重要，因为我们用的是喷笔而不是喷枪，喷嘴的口径很小，更容易堵塞。此外，还要随时注意稀释液的比例，只要不是太稠，一般喷涂起来就没什么问题。这类涂料最大的优点就是耐磨，干透后我们可以在表面大展拳脚，一般都不会对漆膜造成伤害。根据成分不同，干燥时间也不一样，但总体来说干燥时间算是非常短的。该类涂料建议使用 0.3 毫米以上口径以 2 巴压力来喷涂。注意喷涂的表面不能有油脂或硅酮残余，这类杂质会和漆体起反应，造成坑坑洼洼的表面。开工前，用气泵的压力吹气，将模型表面的污垢杂质吹走不失为一个好办法。

我们可以利用该漆的特性来进行"多层湿喷法"。该方法不同于直接喷涂一层厚漆，而是趁着涂料未干，间歇性地薄喷两到三层，每层中间间隔 6~8 分钟。喷涂完成等待涂料干燥时，切记隔绝粉尘，将模型放到储物柜、塑料容器等密封处保护起来。最终成品的光泽和漆膜质量主要取决于漆层的厚度。

如果对成品不满意，准备进一步抛光，最好间隔几天让涂料彻底干透再进行。和其他涂料一样，有时候表面看来似乎已经干燥了，但事实并非如此，切勿贸然下手。

这类涂料其实不是模型专用的，所以使用中会发现它对塑料、底漆、水贴等造成不同程度的损伤。使用时一定要先在其他地方试一试再用到模型上。

要购买现成的涂料其实还有另一种选择，就是直接向生产厂商购买少量涂料，或者向车间或修车店购买实车专用的涂料。

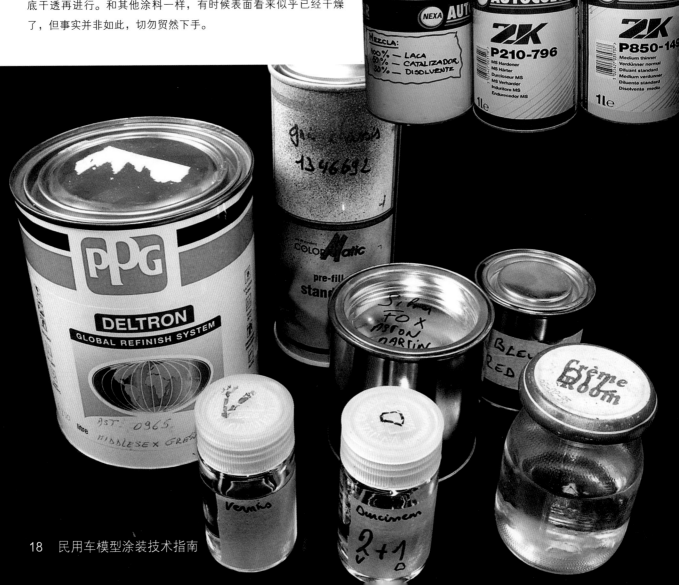

3. 轻薄透明溶媒液：光泽强化剂及光泽涂层

有些辅助产品可以帮我们在制作民用模型时避开有毒涂料。Gauzy Agent 就是值得推荐的一种高质量产品，使用后的漆膜牢固且闪亮。这类产品流动性相当好，所以干燥后涂料会均匀分布，不容易留下痕迹。同时，它们也可以用来作为保护层，方便后续旧化的进行。这类涂料十分适合与金属漆和镀铬零件配合使用，用起来也不用担心会对表层的漆膜造成损伤。

该品牌主要分为两大系列。光泽强化剂主要起保护及罩光作用，不过这类涂料往往被用在水贴之前的步骤。虽说操作起来和普通罩光漆一样，但还是要强调遵循按部就班的原则。该产品可以开罐即用，而且能用清水稀释，建议各位秉承"少食多餐"的原则，多层薄喷后才能获得细腻平滑的表面。如果要加厚漆膜，一定得等上一层干透再进行作业。

该品牌的另一系列称作光泽涂层，这个系列比前者浓度更高，包装更大，也更加特别，甚至可以直接将零件浸入罐体。它不仅可以做出镜面效果、形成保护膜，而且还可以修补车棚、车窗、驾驶室等细小的瑕疵，使用起来也很简单：

第一步：清洗零件上的灰尘，然后用镊子或类似工具夹取零件，将其浸入罐体几秒。切记周遭空气要尽量实现无尘化。

第二步：取出零件让漆体自然滴落，注意不要产生气泡。

第三步：将零件放在吸水纸上吸去多余的涂料，放置半小时左右，待其完全干燥。记得将零件放置在封闭空间内，防止灰尘沾染。

四、抛光用品及打蜡

抛光能够使漆膜表面平滑焕新，打蜡则为了提升表面的亮度。

底漆完成后，如果用的是普通的涂料，一般来说都需要进行抛光来做出漂亮的表面效果。众所周知，车体大多是顺滑闪亮的，这就意味着我们还要在模型上继续下功夫。任何微小的瑕疵都有可能毁了模型的外观，这就是为什么贴上水贴纸以前我们必须用抛光及打蜡产品来处理漆膜，然后再进行旧化等后续效果。

田宫等某些品牌生产过多种类似的产品。只要不伤及之前做好的漆膜及模型本身，我们使用普通的产品就可以来进行抛光打蜡等工序了。例如，用普通的亚克力塑料抛光膏就够满足我们的需求。

步骤如下：

第一步：等待底漆干燥至少 24 小时。请注意，摸上去干燥并不等于完全干燥。

第二步：使用 2000 目砂纸蘸水整体打磨车身。这个步骤十分重要，它会直接影响成品效果。如果实在找不到 2000 目砂纸，也可以用两张粗一点的砂纸对磨以降低其粗糙程度，然后当作细目砂纸来使用。

第三步：表面打磨光滑后就可以开始进行抛光了。厂商通常会附带提供打磨布，如果没有，我们用超细纤维布也可以。注意要完全遵照厂商的说明来进行。

第四步：抛光完成，表面光滑以后，清洗所有零件并晾干。

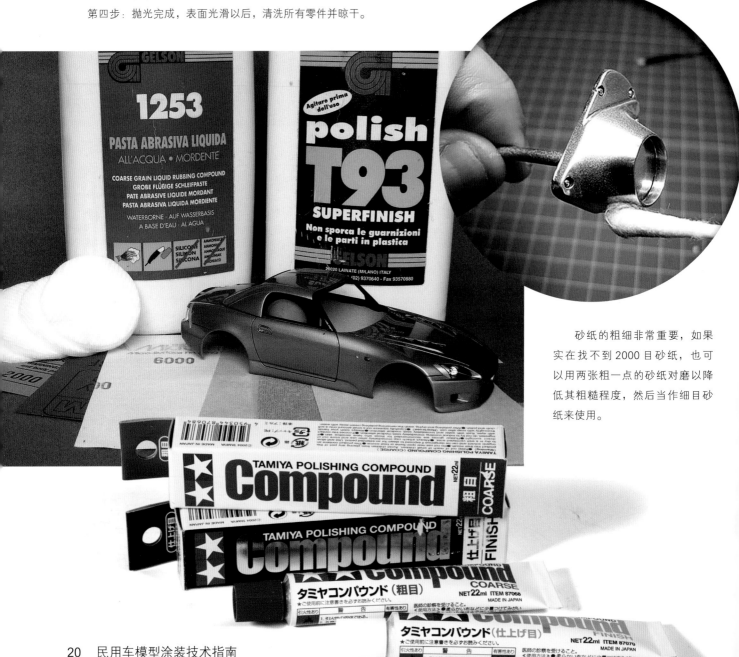

砂纸的粗细非常重要，如果实在找不到 2000 目砂纸，也可以用两张粗一点的砂纸对磨以降低其粗糙程度，然后当作细目砂纸来使用。

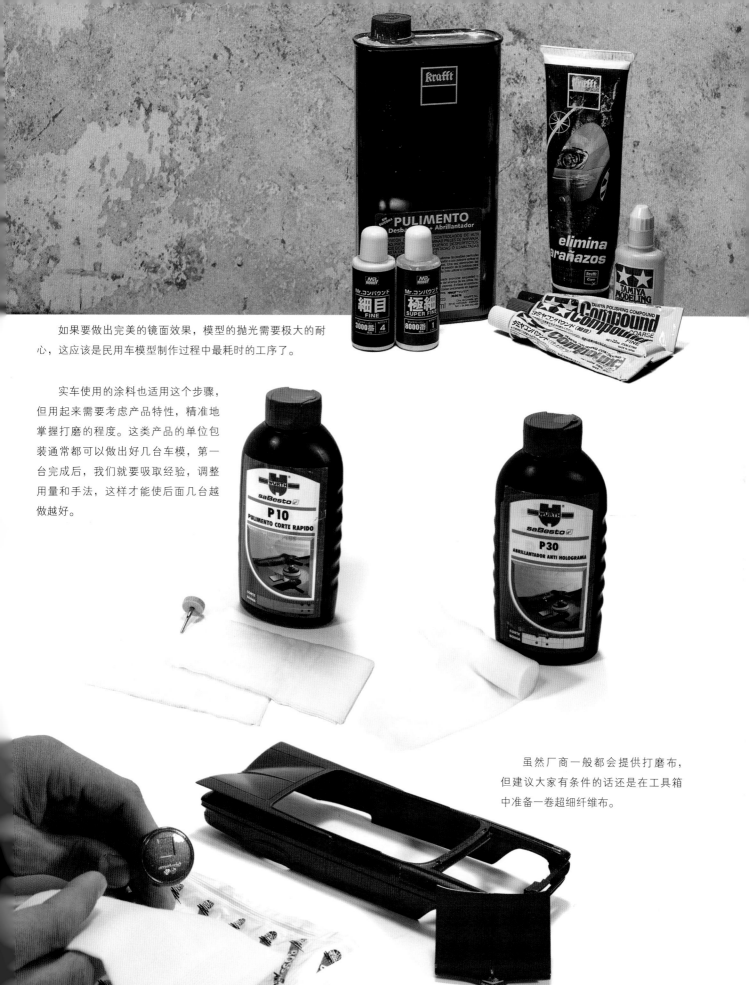

如果要做出完美的镜面效果，模型的抛光需要极大的耐心，这应该是民用车模型制作过程中最耗时的工序了。

实车使用的涂料也适用这个步骤，但用起来需要考虑产品特性，精准地掌握打磨的程度。这类产品的单位包装通常都可以做出好几台车模，第一台完成后，我们就要吸取经验，调整用量和手法，这样才能使后面几台越做越好。

虽然厂商一般都会提供打磨布，但建议大家有条件的话还是在工具箱中准备一卷超细纤维布。

五、黏合剂

毫无疑问，黏合是模型制作中最基本的一个步骤。通常来说，素组是制作中最轻松愉快的步骤，也是模型最初带给你的快乐！然而随着技巧的精进和要求的提升，我们使用的工具的材料也在不断升级。

若有可能，黏合前很关键的一点是要先假组确认是否需要再修正零件。虽然我们仅仅是建议这么做，但假组的重要性确实不言而喻。塑料黏合剂的原理是溶解塑料零件接触面并将其融为一体，干燥后就成为一块完整的塑料，无法将其分开。

和其他产品一样，市面上林林总总的厂商分别生产了不同类型的模型专用黏合剂，同时还有其他相关产品，例如催化剂与缓凝剂。它们的类型、成分、使用方法都不尽相同。

这种新上市不久的纤维笔可以打磨并去除多余的溢胶。不过使用时要小心，这种笔的纤维如果被人吸入，会对人体造成一定的伤害。

利用这些纤维类产品，我们可以方便地去除溢胶和残胶，免得涂装后破坏视觉观感，这样就可以避免一些相对危险的工具，例如砂纸等对模型造成的破坏。这种产品对大多数胶水都有效，无论是普通的塑料胶水还是瞬间胶，都要等到干透再进行处理。

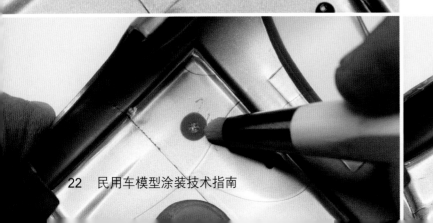

1. 氰基丙烯酸酯（瞬间胶）

氰基丙烯酸酯就是我们常说的瞬间胶，它是一种快速黏合的单组份胶水。使用时，胶水会迅速发生化学作用，形成一种坚固但并不稳定的聚合物。反应过程中会释放有害气体，并留下白色或乳白色残留物，所以它并不适合透明件的粘接（也有田宫、郡仕出品的固化后完全透明的瞬间胶可用于透明件黏合）。

瞬间胶主要用来黏合金属蚀刻零件和树脂件。不过由于其硬化后方便打磨修型，有时候也会被用来增强附着力或填补缝隙。虽然有些瞬间胶的成分含有橡胶，但如果拗折还是容易断裂的，质地相当脆弱。Deluxe 生产的 Roket 系列有多种密度可供选择，适用于不同场合。

作为辅料，我们还可以使用促干剂来加速作业。图中这种喷罐产品在市面上比较常见。同时我们还可以购买到专门用于清洁的产品，但大多数玩家似乎更偏好使用工业丙酮。

2. 塑料黏合剂

塑料黏合剂通常由醋酸丁酯和丙酮组成。市面上可以找到不同浓度的产品，有些还加入了一些树脂。和瞬间胶不同，这类胶水本身不会形成聚合物来粘接零件，它们的原理是溶解塑料零件并黏合。由于毒性大且挥发性强，我们并不鼓励使用或配置硝化棉或其他化学品的自制黏合剂。现今市场上很容易就能找到各种不同黏度和干燥时间的产品，最受欢迎的应该就属包装内自带小刷子的产品了。这类黏合剂通过毛细作用迅速扩散，干燥迅速，几乎不留下任何残余。使用时，一定要注意点胶量，以免在模型表面留下痕迹。打磨时，必须等到胶水完全干透方可进行。由于其原理是溶解塑料，如果两片零件的接合面出现缝隙，建议将两个零件的接触面分别上胶并静置几秒，然后小心地施力按压，部分被溶解的塑料会渗入并填补缝隙。最后，待其干透再进行打磨就可以了。

3. 白乳胶（木工胶）

我们通常说的白乳胶，学名叫聚醋酸乙烯酯。这类胶水一般用来黏合木材以及其他多孔物质。由于毒性低、强度高、穿透力好、干燥快，它理所当然地成为 DIY 达人们的黏合利器。在制作时，我们通常用它来黏合木质底座和支架等。由于不会伤及零件，经常也用这种胶水来黏合透明件。

六、补土

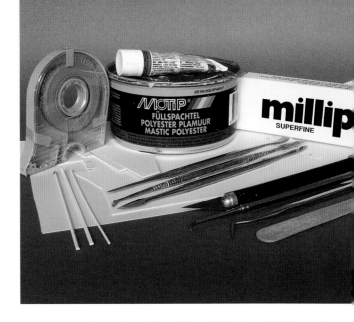

　　无论模型的哪个分支，补土都算得上是不可或缺的工具之一。它不仅在组装过程中可以填补缝隙、塑形改造、雕刻人偶、自制零件、添加细节都离不开它。然而，补土最常见的作用还是填补缝隙及推出孔。市面上常见的补土有两大类，一是普通填充剂（溶剂型或亚克力型补土），另一种是环氧树脂补土，也有人叫它双组分补土或 AB 补土。第一种的代表产品就是田宫的牙膏状补土，切记由于其干燥后会缩水，使用时要多次重复作业才行。它干透后很好打磨，也可以用丙酮稀释剂（或硝基漆稀释剂）擦除。如今市面上一些新出现的亚克力（毒性较低）补土干燥后不会收缩，打磨起来也很方便。

　　田宫、Milliput、Magic Sculp 等许多品牌都有出品 AB 补土。这类补土一般在包装内都有分量相同、颜色不同的两条，使用时切取相同大小并揉捏混合直至颜色合一即可。混合均匀后，两者开始反应并逐渐变硬，大概需要几个小时才能完全硬化，硬化前可以随意进行加工。这类补土常被用来塑形、改造、雕刻人偶，硬化过程会发黏，使用起来要求更高的经验和技术。

　　最后，类似 Das Pronto 等出品的纸黏土在场景中也较常使用，它操作简易且干燥时间较短。这类产品可以用白乳胶黏合，干燥时间一般需要几个小时。

补土常被用于改造、填补小缝隙、修整零件；模型胶泥则较多用于自制零件及填补较大缝隙。

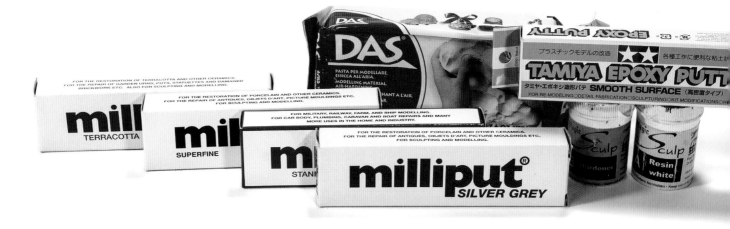

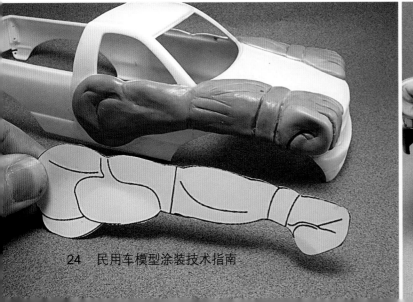

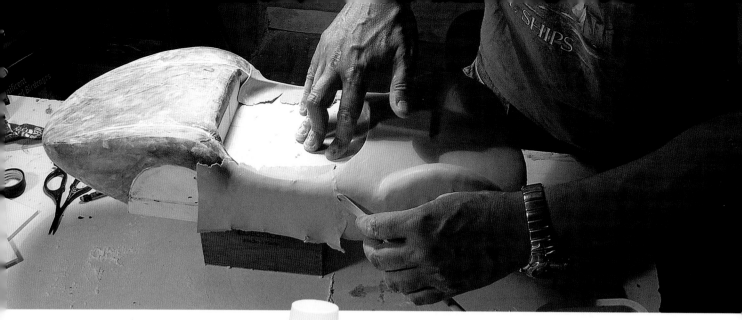

市面上的大部分补土要用丙酮或同厂的专用稀释剂才能溶解，但亚克力补土可以直接用水溶解。

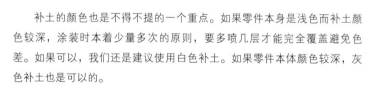

补土的颜色也是不得不提的一个重点。如果零件本身是浅色而补土颜色较深，涂装时本着少量多次的原则，要多喷几层才能完全覆盖避免色差。如果可以，我们还是建议使用白色补土。如果零件本体颜色较深，灰色补土也是可以的。

补土要彻底干燥以后才能打磨。

素组时，千万不要忘了处理推出孔。这个步骤说起来容易做起来麻烦，但却非常重要。如果跳过，成品上的推出孔会变得非常突兀，十分影响观瞻。

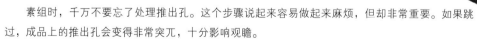

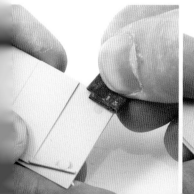
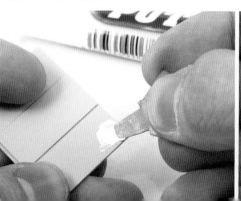

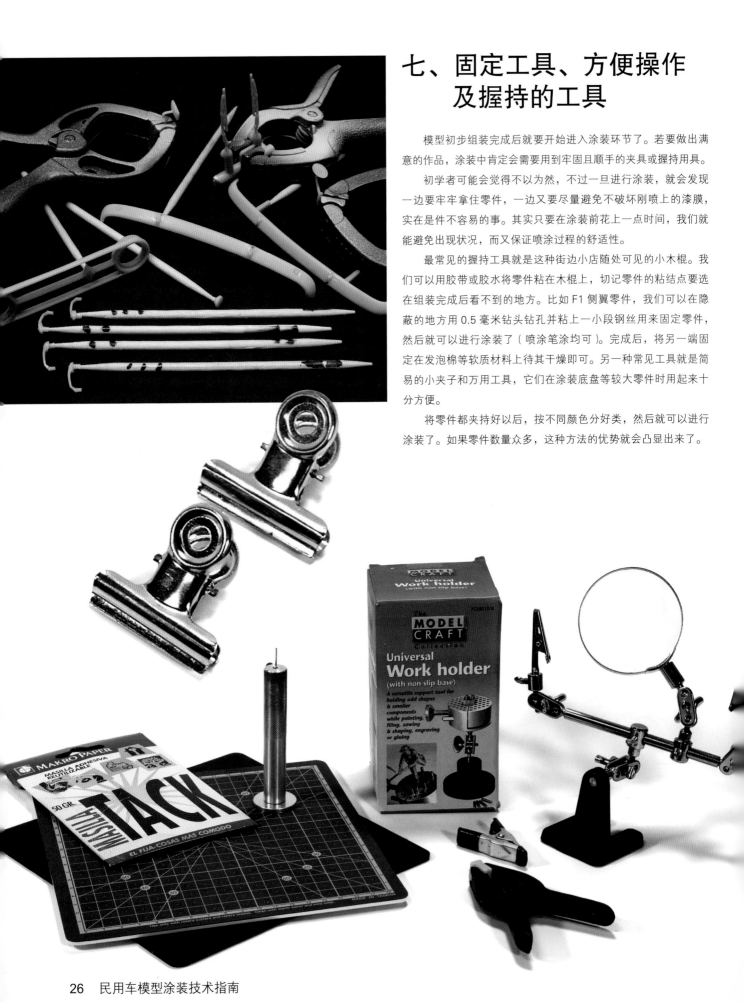

七、固定工具、方便操作及握持的工具

模型初步组装完成后就要开始进入涂装环节了。若要做出满意的作品，涂装中肯定会需要用到牢固且顺手的夹具或握持用具。

初学者可能会觉得不以为然，不过一旦进行涂装，就会发现一边要牢牢拿住零件，一边又要尽量避免不破坏刚喷上的漆膜，实在是件不容易的事。其实只要在涂装前花上一点时间，我们就能避免出现状况，而又保证喷涂过程的舒适性。

最常见的握持工具就是这种街边小店随处可见的小木棍。我们可以用胶带或胶水将零件粘在木棍上，切记零件的粘结点要选在组装完成后看不到的地方。比如 F1 侧翼零件，我们可以在隐蔽的地方用 0.5 毫米钻头钻孔并粘上一小段钢丝用来固定零件，然后就可以进行涂装了（喷涂笔涂均可）。完成后，将另一端固定在发泡棉等软质材料上待其干燥即可。另一种常见工具就是简易的小夹子和万用工具，它们在涂装底盘等较大零件时用起来十分方便。

将零件都夹持好以后，按不同颜色分好类，然后就可以进行涂装了。如果零件数量众多，这种方法的优势就会凸显出来了。

八、改件

补品是一类用来加细改造、为模型增添细节的产品总称。

最典型的补品当属空调、散热器格栅、蚀刻片的刹车盘等。不过这几年一说到补品，指的不仅是蚀刻片零件，所有的改造件，包括树脂、橡胶轮胎、水贴、通用改件等，这些都属于补品的范畴。

为了节省金钱和时间，开工前一定要仔细规划并选好补品，这样也可以有效防止烂尾。

市售补品的品牌和种类繁多，数不胜数。金属蚀刻片最为常见，安全带等预上色的蚀刻片更是受到热捧。安装时使用一点瞬间胶即可，切记不要用镊子等尖锐物体来定位，建议大家可以用蘸了少量蜻蜓胶的牙签来进行这项工作。

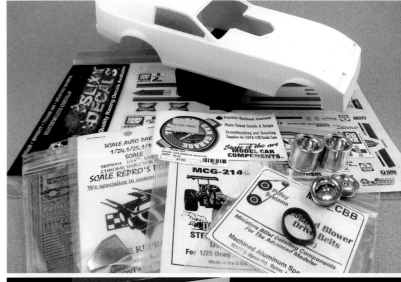

TIP Use a small ball of Blu-Tack and a wood stick to hold the pieces and fit into place such a photoetch or clear parts.

九、涂装及防护用具

本节要讲述的内容非常重要，任何模型爱好者都得好好看看。热衷民用车模型的玩家更得注意，因为我们平常接触的涂料毒性一般都比较高。

准备好要用的喷笔或喷罐，之后我们还会需要一些非常趁手的特殊工具。工欲善其事，必先利其器，我们的工作台、对工具的熟练掌握以及照明都是做出优秀作品的关键。

1. 气泵

气泵有常规型和带储气罐两种，后者的优点显而易见，当罐体储满空气或不使用喷笔时，电机会自动停止运转。这类迷你泵很适合在家中使用，它们体积较小，噪音较低。当然，较大型的工业气泵也是可以轻松应付这类工作的。

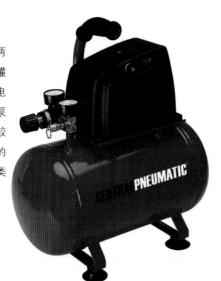

这些都是模型中较常见的气泵。为了减少电机运转造成的地面震动，可以在气泵下放一块软垫或厚布来解决。

这是压力计。一般来说1.5千克是最常用的压力。　　　油水分离器可以隔绝空气中的水汽，使用时要经常进行清排。

净化拉环。

软管是另一种重要的零件。建议各位选购纤维软管，它们更耐用且可以经受更高压力。使用时要尽量避免软管打结。

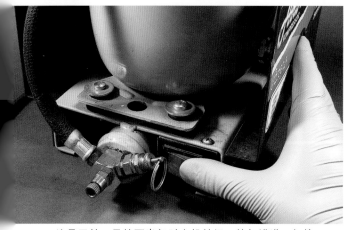

这是开关。虽然不出气时电机关闭、储气罐满，但接下来一段时间不用时，大家还是要记得关上开关。

就像开车一样，大家要记得经常检查油表。厂商自带的润滑油都是经过处理的，但我们也可以用常见的缝纫机油来替代。

2. 防护用具

模型这个爱好有个缺点，就是我们总是会碰到各种各样对人体有害的化学品，其中尤以涂料为甚。毒性不仅仅来自于它们的成分，喷涂时吸入的气雾就让人十分难以忍受了。许多玩家可能不明白，如果没采取防护措施，空气中会有多少有毒的微粒（0.6 微米以上）会随着气雾进入我们的肺部。

如果没戴防毒面具，各位千万不要进行喷漆作业。说到面具或口罩，推荐大家至少要买符合欧标 EN149 的 FFP2 型，或者美标 N95 型。（国内的玩家只要去劳保用品店或网络上看看，购买活性炭吸附型口罩就足够应付日常使用了。）这类口罩至少能保证将 92% 的有毒气体挡在滤网外。

我们还应该使用橡胶手套，这样不仅收工后容易清洗，而且也可以避免化学品对手部皮肤造成的伤害。大家要时刻牢记，我们一直在和有刺激性的剧毒物品打交道，各种硝基溶剂、丙酮、环氧补土，够危险的了。

3. 排气扇

我们还要向大家推荐使用喷漆箱或排气扇。喷漆箱的原理是利用风扇将涂料吸附到一面特制的滤网上，排气扇则是利用风扇将有害气体或颜料通过通风管排出室外。这类设备是对防毒口罩的有益补充。

涂装模型时的周遭环境很重要。我们提到的防护用品能够有效地使我们免遭喷漆中有害成分的毒害。

喷漆箱可以直接购买也可自己做，下面简单地说明一下如何用电扇和其他一些部件进行自制。防毒面具或口罩尽可能买贵一些的品牌货，记得要及时更换同厂出品的滤芯。

这是一台自制的排气扇，由滤网、格栅及电扇组成。

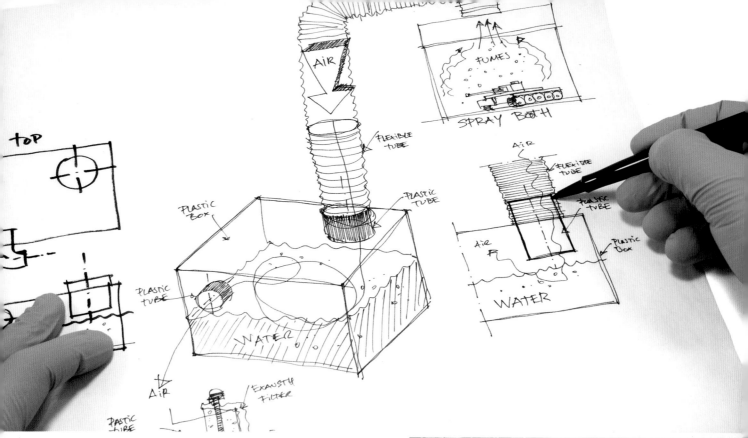

4. 水滤器

　　模型是一项很好的兴趣爱好，但我们要牢记，平时打交道的很多材料都是有毒的，使用时务必要万分小心。

　　工作室要通风，光线要充足，如有可能，尽量用自然光照明。

　　喷漆时的通风尤其重要。有时候，室外工作并不能阻隔有害物质，所以我们必须使用防护用具来保证自身安全。

　　其实只要有足够强力的排气扇就可以了，就像我们厨房用的排油烟机那样。或者一台喷漆箱，一根通过墙上的洞或窗户通向室外的通风管也足矣。图中这台喷漆箱是自制的，其实做起来也很简单。

　　春、夏、秋三季，可以在开窗环境下作业，但到了冬天冻得人直哆嗦，我们就得用上水滤器了。这是一种简单又便宜的解决方案。

　　我们只需准备一个塑料盒、一根进气管、一根出气管、若干厨房排气扇用的滤芯就可以了。当然，还需要一些水。

　　该装置的作用原理很简单。从喷漆箱中出来的空气混杂着有害物质先进入水滤器，然后以水作滤芯将粉尘及有害微粒过滤掉，最后干净的空气从水滤器中再次通过另一个过滤装置（厨房排气扇用的白色滤棉），如此而已。

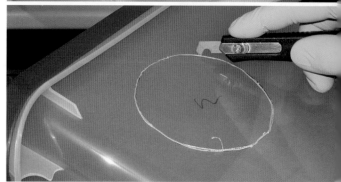

　　装置中的水要经常更换，使用过程中清水的颜色会逐渐变暗，并析出微粒沉淀。

　　这就是一种能保持工作环境清洁舒适的方法，简单又廉价，还能除去大多数有害物质。即使在冬天的夜里，关着窗户窝在温暖的房间内，我们也可以随时进行喷涂。

　　模型虽好，但健康问题不可忽视。

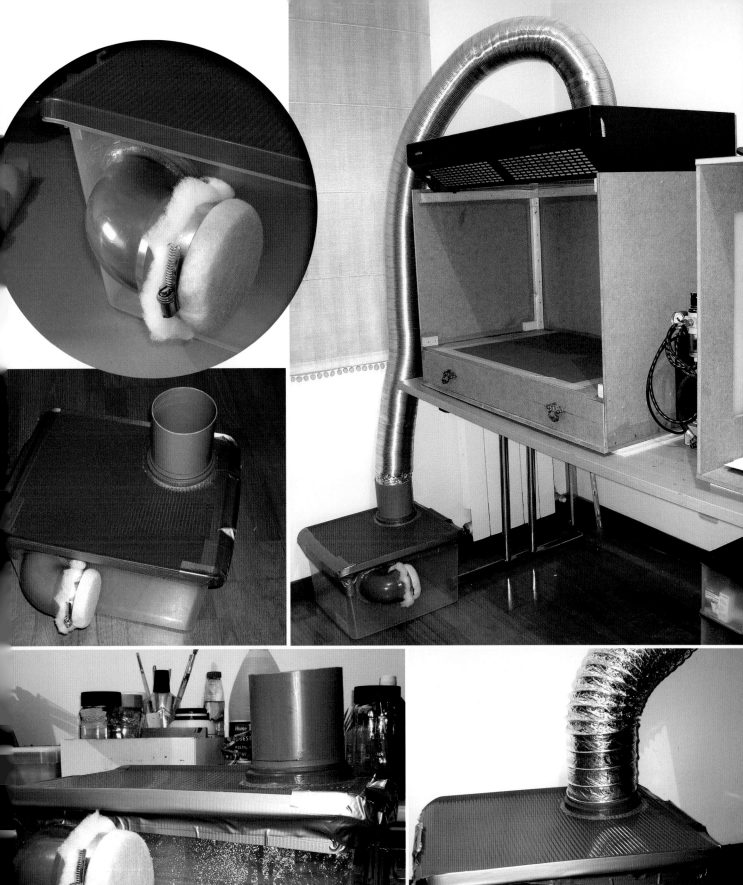

5. 喷笔

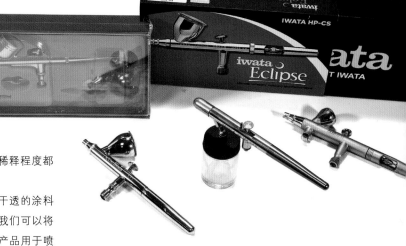

或许有人会问，喷笔能完全取代笔涂吗？这个问题真是不好回答，两者其实是互为补充的关系。有些步骤只能用笔涂来表现（细节涂装、人物涂装等），另外，我们也需要用喷笔来做出渐变和平滑的表面效果。喷漆套装毫无疑问是模友进阶的必要投资，但并非人人负担得起。

涂装大面积及色泽统一的表面时，喷漆工具确实可以取代画笔，两者的完成效果也是大相径庭。如果要做出各种复杂的效果，这套工具确实必不可少。

如果要整体涂底漆补土、喷涂底漆面漆，喷笔确实是一种简单有效的工具。它的操作其实很简单，只要按压扳机或按钮，空压机或气罐中的气流就会把喷壶中的漆液射出。喷壶内的环境只是常压，气流会将漆液带出喷嘴并喷射。它的维护保养也不难。市面上可以购买到简单的单动式喷笔，这种产品无法控制气流大小，只能从其中喷出较细的线条。单动式喷笔的作用原理就是所谓的"文丘里效应"，当流体经过管道的收缩部分（扼流圈）时，流体的压力会降低。

单动式喷笔的升级产品是双动式喷笔。简单地说，就是利用喷笔内部气流将漆液从喷嘴中射出。这种喷笔的压力、气流的大小、涂料的稀释程度都要由我们自行控制。

使用完毕后一定要仔细清洗喷笔，因为只需一点干透的涂料就可能使这种娇贵的工具出现问题。为了彻底清洁，我们可以将喷笔拆解后再分别清洗。市面上也有专门的润滑油等产品用于喷笔的日常维护与保养。

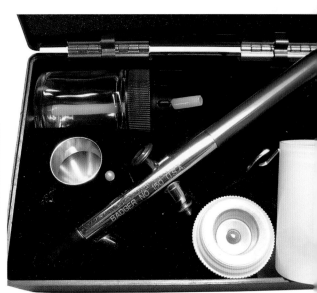

许多进阶玩家喜欢准备几支不同的喷笔，在不同场合分别使用：
· 一支用于常规喷涂和涂底漆补土；
· 一支用于金属漆的喷涂；
· 一支用于喷涂罩光漆。

这么做的原因就是为了避免交叉污染。如果只用一支喷笔，这次喷涂完金属漆，下次喷涂罩光漆、普通涂料或底漆补土时，漆液里有可能混入这次的金属微粒。为了避免付出昂贵且非必要成本，还是要再次强调，使用完毕后对喷笔的彻底清洗至关重要。

模友们手头都有各式各样的工具，但总的来说，喷笔应该是其中最昂贵的一种了。最常见的是双动式喷笔。市面上喷笔的种类数之不尽，我们应当睁大眼睛选出最适合自己的一款。双动式喷笔最容易买到，综合性价比等因素，建议大家还是买一支质量好一些的。双动意味着我们能同时控制出气量和喷嘴的出漆量。如同熟知涂料特性一样，掌握喷笔的原理非常重要。

不同的涂料特性各不相同，涂料、稀释剂、所需空气压力依据品牌也是各有不同。因此喷笔出现问题的原因也有许多：机械故障、稀释剂比例不对、压力错误、周遭气候（湿度、气温等）、喷笔未清洗干净……事实上还有无限多种可能。但无须担心，出现问题的原因很有可能只是经验不足。所以在下面的图例中，我们会列举最常见的喷笔故障并提出解决方案。

　　这是喷笔的基本零件拆解，熟知结构能最大限度避免问题。毕竟它只是一件机械工具，喷涂的原理也是万变不离其宗。拆解喷笔能够让我们熟知工作原理并判断问题出在哪里。

　　喷针和喷嘴是最精细的零件，操作时要小心。

　　如图所示，其开孔很小，容易堵塞。因此如果堵笔，最有可能的是洞口堵塞，只需清洁至通畅即可。

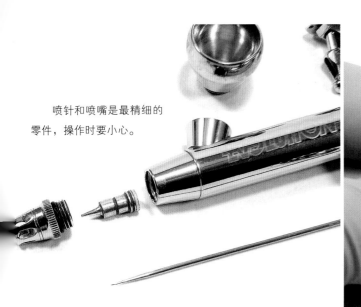

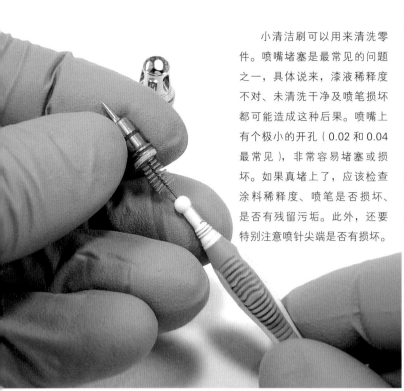

小清洁刷可以用来清洗零件。喷嘴堵塞是最常见的问题之一，具体说来，漆液稀释度不对、未清洗干净及喷笔损坏都可能造成这种后果。喷嘴上有个极小的开孔（0.02和0.04最常见），非常容易堵塞或损坏。如果真堵上了，应该检查涂料稀释度、喷笔是否损坏、是否有残留污垢。此外，还要特别注意喷针尖端是否有损坏。

连接软管和喷笔的阀门也是个比较脆弱的零件，因其内部有些机械结构和弹簧用来控制气流，所以要随时检查是否完好。

记得检查按钮是否正常运作，其他部件是否一切正常。如果组装合理，金属弹簧运转正常，我们按压时就能感受到按钮的反作用力。放开按钮时，它会自动回弹到原位。如果无法复位，气流会断断续续无法控制。因此，必须检查按钮是否安装到位，弹簧位置是否准确，是否有损坏或者脏污。

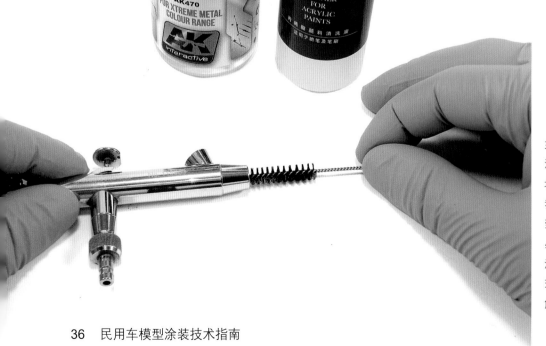

笔身内部是漆液流经的地方，如果有残留的涂料，干燥后很不好清洗。再次使用时，干硬的涂料碎块可能会随着新漆流动并堵塞喷口。我们可以用图中这种小刷子从喷壶到喷嘴处进行清洗。其他部分就没必要特别注意了，只要记得经常上油就行。还要注意，如果使用时发现有回流现象，我们应立即停工拆解喷笔并马上进行清洗。

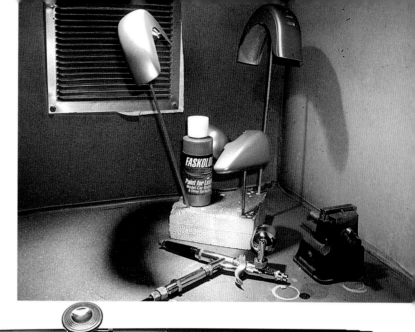

将零件如图所示固定，避免用手直接接触。喷涂时保持正确的距离（大约20厘米），我们就能喷出漂亮的表面。

隔膜式气泵（无储气罐）容易产生大量热量，很容易在喷笔管道形成冷凝水，并被喷到模型零件上。由于价格低廉，许多商家都有卖这种气泵。即使带有储气罐，罐内空气受热后也很容易形成冷凝水。这种情况下，我们就需要在管道外置油水分离器了。

喷笔使用不当很容易出现图示的各种状况："蜘蛛腿"、橘皮（表面不平整）、覆盖性差、飞溅……明白问题所在，我们才能矫正不同的错误。不同的涂料、稀释程度、喷涂距离应选择不同的压力，选择不当有可能出现问题。我们应当确认使用正确的稀释剂和合适的浓度，太浓就加入稀释剂，然后多层薄喷进行作业。

出漆时断时续说明喷嘴前端有干燥了的涂料或者污垢。碰到这种情况应进一步稀释涂料或者加入几滴缓干剂，拆解喷笔并深度清洗也是一个好办法。出现"蜘蛛腿"则说明气压有问题或者涂料过稀。

十、砂纸

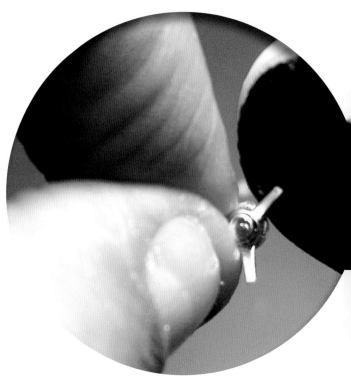

与其将砂纸称作一种工具，倒不如称它为易耗品更合适，模型制作过程中着实离不开它。如今，我们在市面上还能找到一些有趣的打磨抛光产品。

每种打磨产品都含有不同的打磨颗粒并按照粗细不同分类。

还有一种分类方法是根据平方单位上的打磨颗粒数来划分，也有一些产品是依照纹理来进行划分。

打磨棒是直接将打磨颗粒固定在条状物上以方便握持。这类打磨棒用来打磨抛光各种表面都十分方便，建议大家可以购买一些不同粗细的产品以备不时之需。它们在清除毛刺及打磨补土时特别好用。一般的顺序是先从粗目开始，然后逐渐用更加细目的产品，直至打磨平整。

打磨棒用途广泛，在弧形表面用起来也很顺手。

水砂纸也是很重要的一个类别。它是用防水纸为基础，上面固定一层人造打磨硅，使用时以水作为润滑剂。

金属砂纸则用来打磨蚀刻片零件的连接处等细小的地方。

300~500	用于树脂及白色金属
600~800	用于塑料
900~1200	用于补土
1300~2000	用于漆膜

1. 手动水磨

手动水磨是指用一块泡过水的砂纸反复摩擦零件从而将其打磨平整的过程。

相比干磨，这种做法的优点在于扬尘极少、砂纸寿命延长、打磨面更为顺滑。

缺点是打磨完毕还得将表面清理干净，去除所有水渍，否则会影响后续的涂装。

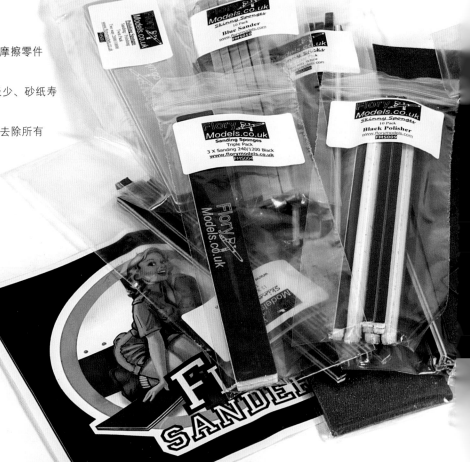

2. 手动干磨

手动干磨是指用砂纸直接在模型表面打磨。这种做法形成粉末较多。不同的材料毒性不尽相同（塑料、树脂、油漆、金属等），因此强烈建议大家使用护目镜和面罩。

抛光用的砂纸一般指 3000 目到 12000 目。建议大家准备 4000、6000、8000、12000 目四种，打磨时由粗到细，这样就能做出水晶般光滑的表面了。

砂纸的目数一般标识在背面，用来表示砂纸的各个打磨等级。这些号数能够帮我们将粗细不同的砂纸区别开来，进行正确的抛光作业。

若要打磨出抛光表面，建议大家从 2400 目开始进行。接下来选择更细的砂纸，例如 3600 目，以此类推。漆膜开始呈现反光，大概是用到 8000 目了，最后再用 12000 目打磨就可达到满意的效果。任何低于 2400 目的砂纸都太粗了。按压砂纸在漆膜上做圆周运动打磨可以均匀受力，有效地避免单一方向打磨的过深印记。打磨大面积表面时这点尤其重要。打磨完成后，可以用温水和肥皂进行清洗除尘，软毛刷可以帮我们清洁难以够着的部位。

十一、遮盖带

遮盖带和砂纸一样，在涂装过程中必不可少。这类遮盖带不同于 DIY 时用的那些产品，它们一般都是带有低黏度背胶的纸类。遮盖带有许多种包装，一般按照宽度不同来贩售。使用时不仅要遮盖出上色区域形状，也要把剩余裸露部分一起遮盖，以免涂料飞溅弄脏模型。切记喷笔里的涂料是会四处飞溅的，一定要尽可能贴满较大范围才可以。贴遮盖带时花费的时间和耐心是非常有必要的，它能直接影响成品的效果。目前市面上出现了一种可变形的遮盖带，它和普通遮盖带不一样，可以在模型表面贴出曲面效果。

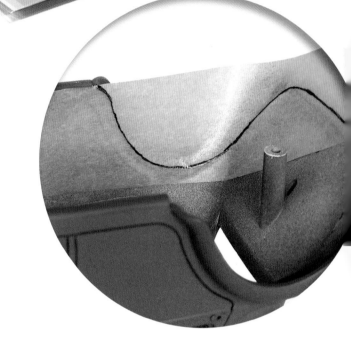

虽说只需遮盖模型的部分区域，但我们要牢记喷笔中的涂料是会四处飞溅的，因此要尽可能地扩大遮盖范围。这个步骤虽然无趣，但却非常重要。

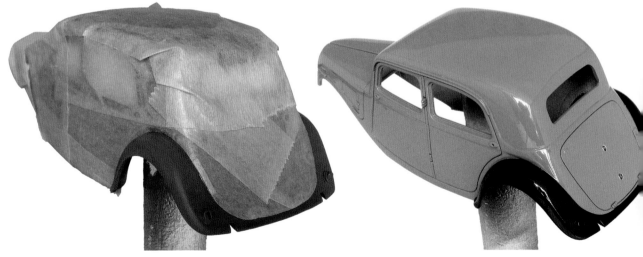

这种喷漆遮盖膜也被用来遮盖复杂的形状及覆盖大面积表面。

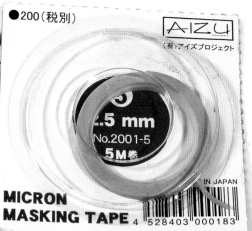

极细遮盖带一般被用来遮盖细节或用在小比例模型上。

这种遮盖带适合用在弯曲的线条上。

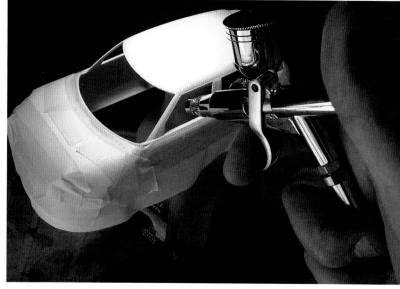

利用正确的遮盖技术，这台Mini 的分色相当完美。

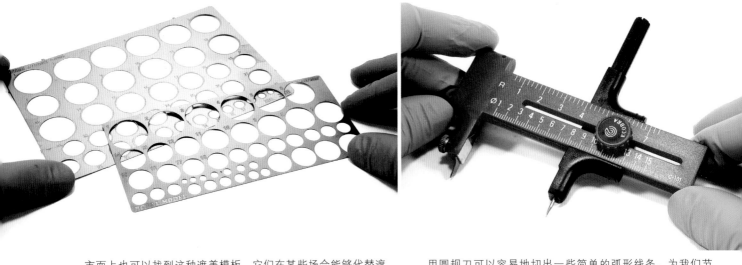

市面上也可以找到这种遮盖模板，它们在某些场合能够代替遮盖带。

用圆规刀可以容易地切出一些简单的弧形线条，为我们节省大量的时间。

操作很简单，用刀具顺着模板切下合适的形状就可以了。

贴好遮盖纸后，用喷笔垂直喷涂零件，这样就可以避免涂料透过模板渗入模型。

若遮盖纸贴得好，黏性足够，我们可以省去很多笔涂的工夫，成品效果也令人满意。

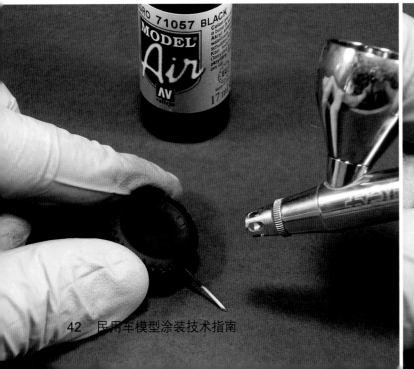

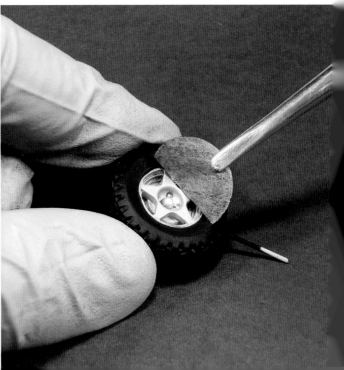

将田宫遮盖带剪裁成合适的宽度就可以用来模拟绝缘胶带、固定胶带等，用溶媒液固定并涂上合适的颜色就可以了。范例中我们将其涂成黑色，这种黑色和车架上的黑色又不尽相同。

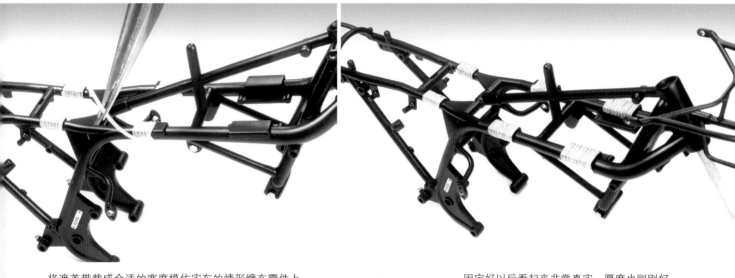

将遮盖带裁成合适的宽度模仿实车的情形缠在零件上。

固定好以后看起来非常真实，厚度也刚刚好。

溶媒液用在这里正合适，它可以将遮盖带很好地固定在零件上。

干透后可以按照我们的喜好上色，也可以不上色，看起来就像是真的胶带缠绕在车上一样。

十二、特殊工具

　　这本手册最有价值的箴言，就是奉劝大家在优秀工具上的投资是绝对值得的。我们不用一次性将所有工具采购完整，在下来的几年内让工具箱慢慢充实起来才是正确的。随着我们在模型上的经验和技巧逐渐提高，应该学会购买更新、更好的工具。正确的工具能够将玩家和大师区别开来，所以我们要开阔眼界，尽可能多地熟知各种工具。完成一台模型后，我们会兴冲冲地不断欣赏，但别忘了工具还会再继续使用，成为模型生活一个重要的组成部分，所以很多玩家都会不断添置新的工具。

1. 测量工具

　　模型改造、检测、自制时经常要用到测量工具，它包括直尺和更精密的种类。

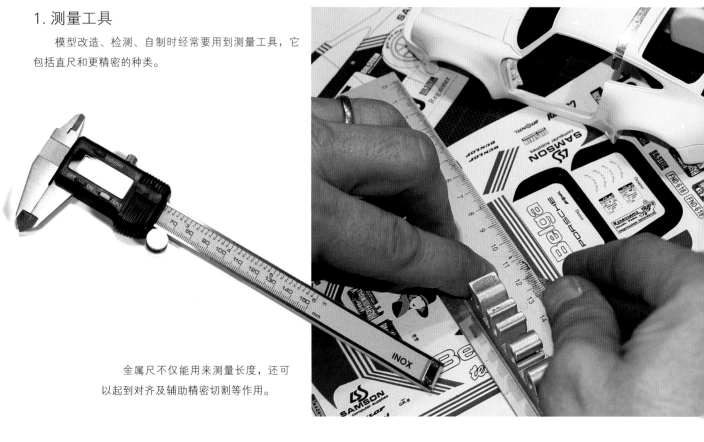

金属尺不仅能用来测量长度，还可以起到对齐及辅助精密切割等作用。

2. 钻孔工具

　　一些小零件的加细改造离不开专业工具的开孔作业，车轮、发动机都会有需要钻孔的地方。这类工具是模型专用的，和其他市面上常见的开孔器不尽相同。

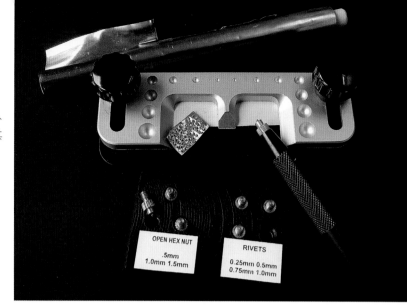

市面上很容易买到一些制作铆钉的工具，但它们往往不是模型专用的，而是最常用在珠宝的加工上。

车模的刹车盘上有许多细节和铆钉。

金属棒在模型改造中也很常见，在各种场合都有应用。

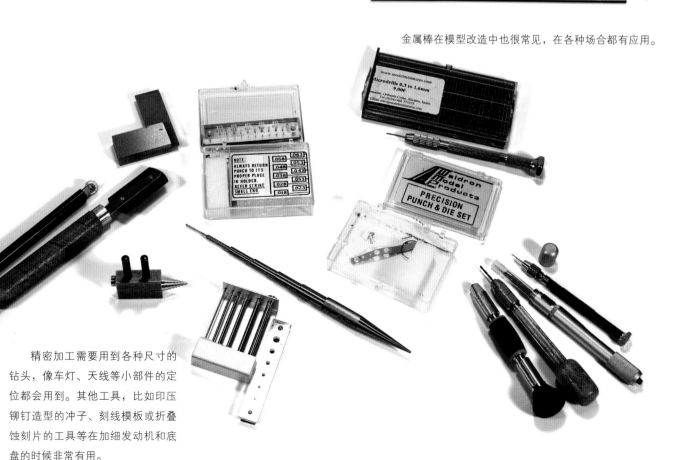

　　精密加工需要用到各种尺寸的钻头，像车灯、天线等小部件的定位都会用到。其他工具，比如印压铆钉造型的冲子、刻线模板或折叠蚀刻片的工具等在加细发动机和底盘的时候非常有用。

3. 切割及刻线工具

一把锋利的模型刀对制作必不可少。随着工具箱的充盈，模友们一般都会准备多种类型的刀具，平口刀、斜口刀、凿子、手锯等。但最重要的，还是得常备一把优质的模型刀，并时常仔细保养，将刀刃保持在最好的状态。

硬质胶带（刻线胶带）经常用于标记切割线条的导轨。不同于遮盖胶带，这类产品更厚实，非常适合配合刻线工具使用。

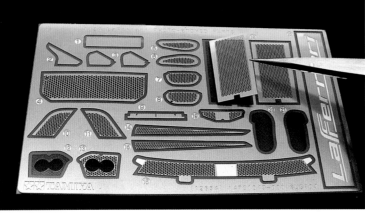

金属蚀刻片的剪切也有专用的剪刀，使用得当的话，处理后缺口平整，不会伤及零件，随后用金属锉打磨光滑即可。平口钳也可以用来修整蚀刻片。

专业刻线工具有许多种形状，它的主要作用是在平面上加深线条。如果打磨时不小心把凹陷磨掉了，也可以用刻线工具重新刻制。

切割之前，为了不跑偏，大家要牢记下刀的位置。如有必要，可以用笔标记出来。

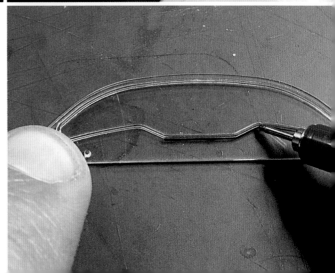

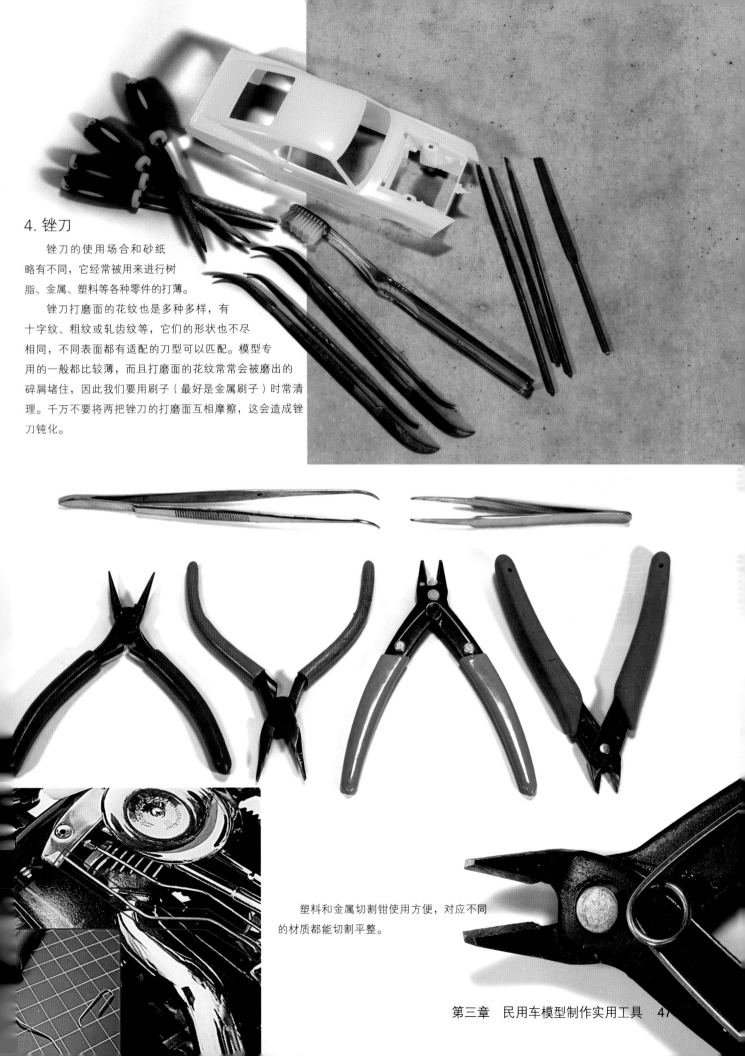

4. 锉刀

锉刀的使用场合和砂纸
略有不同，它经常被用来进行树
脂、金属、塑料等各种零件的打薄。

锉刀打磨面的花纹也是多种多样，有
十字纹、粗纹或轧齿纹等，它们的形状也不尽
相同，不同表面都有适配的刀型可以匹配。模型专
用的一般都比较薄，而且打磨面的花纹常常会被磨出的
碎屑堵住，因此我们要用刷子（最好是金属刷子）时常清
理。千万不要将两把锉刀的打磨面互相摩擦，这会造成锉
刀钝化。

塑料和金属切割钳使用方便，对应不同
的材质都能切割平整。

5. 电动打磨机

　　一把性能稳定的电磨，可以让我们在低转速下作业。这种装置一般徒手操作比较多，可供选用的打磨头也是多种多样，适合不同场合及更精密的作业。铣刀、切割圆盘、金属刷、钻头等，不一而足。

　　这是一把利用电动牙刷改造的打磨抛光器。将砂纸固定在刷头部分，利用电动牙刷的快速震动来进行打磨。

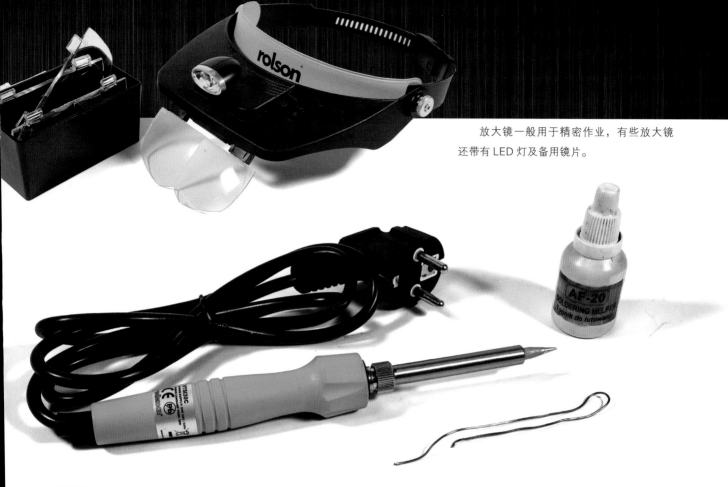

放大镜一般用于精密作业，有些放大镜还带有 LED 灯及备用镜片。

6. 电烙铁

如果要提高模型的精度，蚀刻片的应用必不可少，因此强烈推荐各位准备一套电焊或气焊套装。焊接工具看起来似乎操作难度很大，但归根结底也只是熟练的问题。一台优质的焊机是成功的开始，切记将这些装置保持在良好的工作状态。平常可以用金属球或金属刷来进行清洁。

助焊剂是一种化学品，起到剥离作用并确保焊痕美观。它的性状很多，水性或油性、粉末或液态都有可能买到。焊锡的主要成分是添加在基质中的锡合金微粒，可以按照不同直径整卷买到。

7. 吹风机

虽然不算模型专用工具，但吹风机能够加速漆膜干燥，也有助于大面积水贴的附着，所以提及一笔。我们可以根据需求调整冷热风，但在使用热风时要特别注意保持安全距离，因为过热的空气可能损伤漆膜或水贴，甚至还可能使塑料零件变形，较薄的塑料零件还可能严重扭曲。用途不小，但安全第一。

吹风机对树脂零件似乎没什么作用。如果要修整树脂件，可以将其浸泡在热水中数秒，树脂会变得柔软，容易塑形。

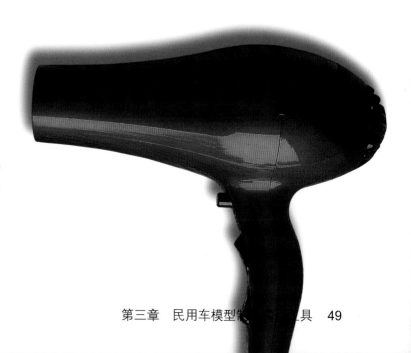

十三、基础拍摄

　　本节并非专业的摄影指导，这份简单的教程只是希望能帮助模友们在家中拍出好看的照片而不用过于大费周章，希望大家能够进一步提高照片的质量。排除昂贵的摄影器材和专业的摄影棚，我们来看看如何用有限的设备拍出最好的照片。

微型模型用摄影棚
该设备主要由木架和木屑组成。

我们需两张白色卡纸或泡沫板来把光线投射到模型上。此外，还需要两个夹子来夹持。白卡纸同时也能反射落在模型上的光线。大家也可以利用泡沫板把相机放置在不同高度，当然，如果有专业的三脚架那真是再好不过了。带定时器的照相机可以避免振动带来的问题。

可以用 LED 手电来增加艺术效果。

TL 管和 LED 对室内拍摄很有帮助。当然我们也可以进行室外拍摄，只需设置好相机就能拍出惊艳的效果。然而，假如室外光线不好，可以借助人工光线作为辅助来调整照明。

这种盒子骨架是木制的，外面用图钉钉上葱皮纸来包裹。当不需要太强烈的光线时，它可以起到滤光的作用。这种做法一般应用在拍摄深色或纯白色的车辆时。

滤镜的正确位置。

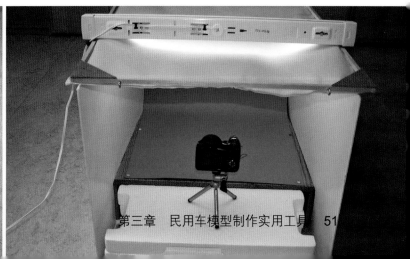

这种三光源的灯具（无影灯）可以有效减少阴影，亦可将阴影转移到特定区域，从而不会影响拍摄。建议三种灯源都是相同色调（冷/热光、黄/白光），这样才可能取得完美的白平衡，后期处理照片时不至于有麻烦。

这是另一种使用 LED 灯的照明方式。

黑色背景由于只是用图钉固定，因此可以随时更换，这种做法方便且价格低廉。

模型、相机和灯源的这种摆放方式，我们称为标准照明。我们可以通过移动灯光或支架来对车模的阴影进行简单的调整。

为了打光并勾勒出车身外形，我们可以在车模周边围上白纸，利用它们来投射光线。只要放置合理，白纸能够均衡漆面的亮度，使光线在某一点得到加强。当然，我们也可以将灯光倾斜地放置在汽车侧方。若将白纸放在车模保险杠前方，汽车的外形就会更加立体。然后调整 10/5 秒延迟，将焦距定格在模型上，按下快门但不拍照，然后释放按钮。同时，一边观察相机中的图像一边调整灯管，找出最佳的拍摄角度。

用 LED 手电可以在某些特定颜色上做出惊艳的效果。正如这台高尔夫 GTI ABT 的照片，它是在暗处拍摄的，只用 LED 手电作为单侧光源。

如果要拍摄全黑背景的照片，只要按照图中所示放置白色纸板就可以了。通过自身的反射，白纸板能够保留车身的部分光线。

相机设置

虽说相机千差万别，拍摄的理想距离还是取决于聚焦和镜头。如果条件允许，建议大家拍照时将分辨率调至最高。

白平衡：暖光用灯泡，冷光用自然光。如有可能，设置在自动档位就可以了。

灵敏度：ISO50

颜色模式：自然锐度

强（+）

对比度：普通

降噪过滤器：微距镜头和超微距镜头

曝光：-0.3 及 +0.3，+0.7

光圈：F5.6 到 F8.0 之间

每张照片拍摄后都要仔细检讨，找出不足。

如图，在车前左侧的地方有一条线分割了漆面的白色反光。其实，这条线是木制摄影棚支架的反射。要解决这个问题，只要将模型位置稍作调整就可以了。

正午 12 点自然光拍摄的模型照片，看起来简直是以假乱真！

第四章　组装

本章阐述的乃是模型制作中最重要的一个环节，不仅有按部就班的步骤，而且还有一些小技巧供大家参考。我们可以根据自己的想法，根据自己的制作水平来设计并添加细节。虽说每盒套件的工艺水平不同，但往往有些相同的问题需要面对。下面我们就来看看如何应对这些问题。

开工准备

开工一盒模型之前，我们应该先仔细检查内容物，看看有没有残损或漏件。

然后，我们还应仔细阅读说明书，掌握组装顺序，确定所需的工具和材料。

每家模型厂商会有各自的拼装风格，第一眼看上去都非常相似。根据套件年代的不同，它们会有不同的安装逻辑，有些甚至会有其品牌的独特性。仔细看完说明书后，我们才能决定是否要按照这个顺序进行组装，是否有必要自行调整步骤。

随着时间的推移，模型技术在材质、套件设计水平及组装步骤上都有着长足的进步。

制作民用车模型，建议大家先从车身及相关零件开始进行制作。原因很简单，车身是一台模型最显眼的部分，如果要做出满意的模型，我们必须在车体上下足工夫。之后我们会详细阐述喷涂及罩光前应如何对车身进行处理。

拿到板件首先要检查车体及外部零件，看看哪里有瑕疵、飞边、推出孔等。

合模线在模型制作中很常见，我们要知道如何将其去除。

主要零件

　　开始组装模型时，建议先把板件洗个澡再开工。模型涂装是个精细活，它会将残留的油脂和缺陷放大到显眼的程度。树脂和金属零件更需要着重清洗，因为它们在生产后一般都会沾染脱模油等化学物质。

　　由于油脂或脱模剂的残余可能会和后续的涂料起反应，因此建议大家使用肥皂水来清洗。

　　车身的各个零件要多花时间仔细处理，因为它们整体喷上底色后，如果有任何瑕疵将会非常扎眼。

　　要使用合适的工具来切割模型，避免伤及塑料表面。

　　最后，用砂纸打磨修整瑕疵和合模线，这样就可以继续后面的工序了。

　　顶杆痕（推出孔）是模型表面一个个圆柱形的突起或凹陷。如果是凹陷，用补土填补后打磨平整即可。虽然厂家通常把这些瑕疵尽可能地安排在看不见的地方，但为了保险起见，还是应当尽可能地用补土、瞬间胶等填补后再用锉刀、砂纸等打磨来消除这些痕迹。具体操作视其大小而定。

　　有时我们会发现车轮、车门或其他地方无法密合，会有错位或缝隙需要修整并打磨。如有必要，可以插入一小片塑料板来填补缝隙。

　　做工优良的模型剪可以贴近零件进行精密加工。如果是水平面上的作业，平口钳和斜口钳都会很顺手。

　　在上胶之前一定要进行假组，这个习惯关乎后续的组装，十分重要。如有必要，也可以用遮盖胶带暂时进行拼接。如果零件无法顺利组装，我们必须找出问题并妥善解决。毕竟这是一台模型，成品的美观和作者的手艺息息相关。

　　制作过程中，可以将相同工序的零件一同制作，这样喷涂起来会比较省事。我们可以按照颜色或组装部位将一盒套件分为几大部分，这样后续的涂装也会比较清晰。

　　在仔细阅读说明书后，可以把其中几步单独形成一个单元，这样可以节省时间。如果我们要进行加细或改造，做出独一无二的模型，就要利用手头的工具进行即兴创作。

　　也可以使用其他套件中的零件来进行改造，制作过程中要注意不同套件零件的安装组合次序。

一、塑料零件的基本组装

打开包装盒后，首先映入眼帘的是花花绿绿的塑料板件。在把零件从流道上剪下来时需要小心，水口要留出足够长度，以免伤及零件。接着用锋利的剪钳将零件上的剩余水口切除。最后再用锉刀和砂纸将毛刺清理干净。

记得要突出仪表板和接头等的细节来营造立体感，因为之后的底漆补土、底色、面漆、罩光等几个步骤会将部分凹陷的细节填补上。我们可以用刻线工具来刻画车身线条。这种工具非常好用，但操作起来要小心，只要手一抖就会在车身上留下明显的痕迹。如果不幸刻坏的话，就要用补土重新填补打磨了。有的车身零件上会有刮擦或其他痕迹，我们也要留意并用补土和锉刀、砂纸等打磨平整。

假组耗时不多，但却可以帮助我们避免后续可能产生的失误和风险，它是指不黏合的模型组合。对于民用车辆来说，最常见的假组就是车身和底盘的组装了。如有必要，也可以用遮盖胶带暂时固定。车轮（包括轮毂和轮胎）也应当安装上，看看高度是否合适。测试前轮是否可以自由转向，而且不会被挡泥板卡住。民用车模的类型数之不尽。有些车身是一体成型的，车门和发动机盖一体开出，这就是所谓的"一体车身模型"。另一种模型车则有许多可动部件，我们要花不少时间来检查活动部分是否灵活顺畅。

虽然这几年模型产业发展很快，出现了很多精美的模型，但很多新出的模型仍然存在着组合度不佳、毛边多、开模不良等问题。

使用模型剪钳比用工具刀精细，操作起来也更容易。我们必须小心保养，不要用它来剪切金属等质地较硬的零件，以免刀刃崩口。养成好习惯，才能保证刃口锋利，使用起来更加简便精细。

用笔刀切割塑料零件。

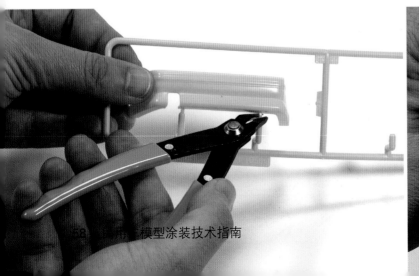

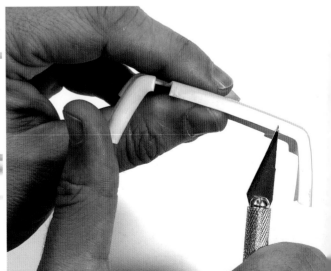

用锉刀和砂纸来除去顶杆痕，比用笔刀或剪钳更加容易控制。

OLD EXIT
99

这是一台组装完毕的车身，各部件组合良好。不过也有模友将车身和其他部件同时进行组合，因人而异。

二、合金模型的基本组装

合金车模一般都比较独特，因此价格也颇高。对于厂商来说，白色金属材质的模型只能短期生产，生产一定批次后模具很容易损坏。这类模型一般都包含蚀刻片和树脂件，我们得用笔刀、砂纸和瞬间胶来制作。切记这类车模比塑料模型更容易损坏，处理起来也更加麻烦。

打磨过程中，一些小细节和线条可能被磨掉，这样我们就得用笔刀重刻了。如有必要还需仔细清洗模型表面，用钢尺或蚀刻零件辅助重新刻线。

砂纸可将模型表面打磨平滑。

先用钻头在金属上开孔。

将开口扩大并修整外形。

用小锉刀打磨进气口边缘。

用笔刀做最后的整形工作。

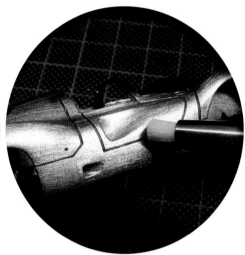

用纤维笔打磨表面并修正瑕疵。

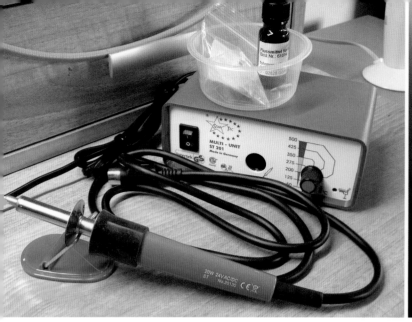

我们来看看如何焊接金属网格。

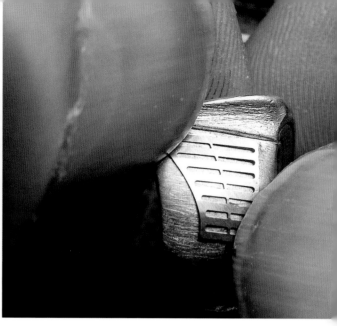

用手指将蚀刻片按压出大致弧度。

标记要切除的部位。

在要切除的零件内侧钻若干小孔，注意不要钻到标记的边界。

切除部分零件后，试试网格是否可以帖服。边缘部分无须切得太过。

用少量蓝丁胶将金属网格定位，准备在周边进行焊接。

清理表面，给网格留下弯曲的空间。

焊锡应将周围缝隙全部覆盖。

打磨后，网格已经和车体融为一体。如果只是用胶水固定，效果不可能如此完美。

用同样的技法焊接其他网格及发动机舱等部位。

喷上底漆补土后进行检查，
如有瑕疵必须立即进行修整。

成品的效果完美，令人感觉一切辛
苦都是值得的。这就是金属零件的组装
技巧。

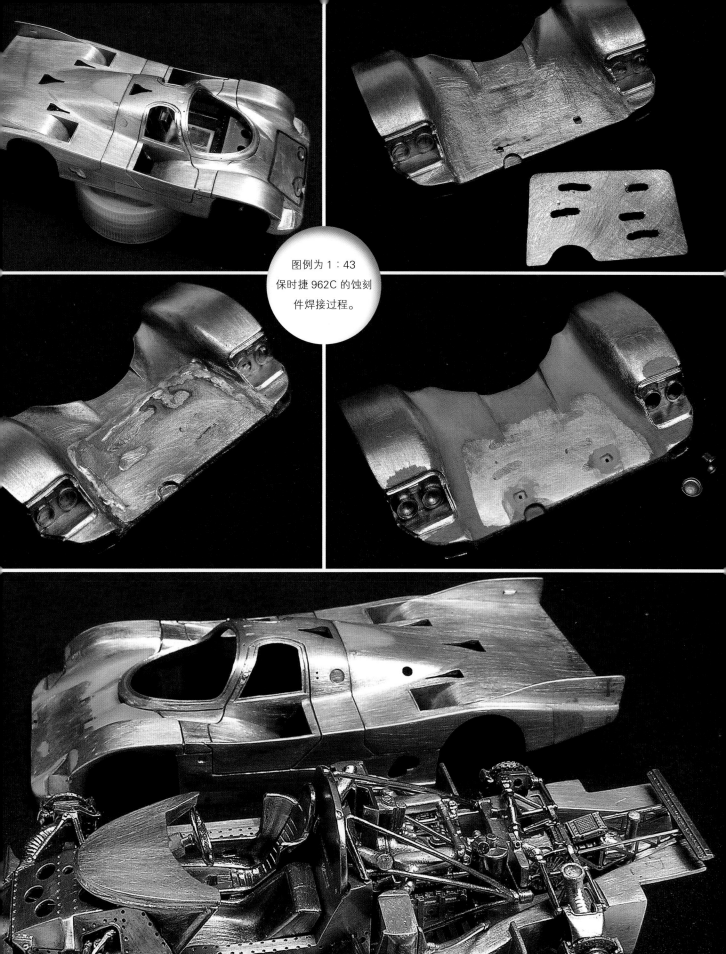

图例为 1：43
保时捷 962C 的蚀刻
件焊接过程。

三、树脂零件的基本组装

树脂模型相对来说比较独特。对于制作者来说，树脂零件的加工会比金属容易些，但聚氨酯树脂也是有毒的，加工时要小心，打磨或钻孔产生的碎屑很容易吸入身体。现今的厂商一般都会用真空泵去除生产过程中产生的气泡，但早些时候的树脂零件是用离心机生产出来的，上面常常会有气泡。

还有一些树脂零件是用硅胶模具生产的。这类模具寿命很短（所以价格高昂），而且随着开模次数增多，产出的零件质量会越来越差，严重的甚至会有细节模糊或丢失的现象。所以奉劝大家购买时尽量选购品牌厂商的产品，而且在拿到零件后也别忘了仔细检查。加工树脂零件时，我们要用到的工具有笔刀、砂纸、锉刀、手锯。

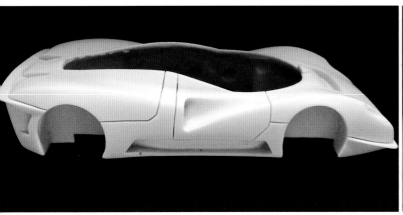

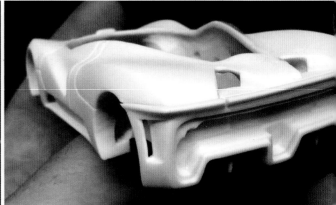

首先把零件浸在肥皂水中清洗干净，因为零件表面会有残留的脱模油等化学物质，可能会对我们后续的涂装工序有影响。

如果发现需要处理的瑕疵件、气泡或瑕疵，先喷上底漆补土再用砂纸打磨平整，然后才能进行后续步骤。

我们可以用手头的工具方便地将合模线和树脂生产中出现的开模痕去除：锋利的笔刀、锉刀、砂纸就够了。树脂一般用瞬间胶或 AB 胶（双组份胶）进行黏合。

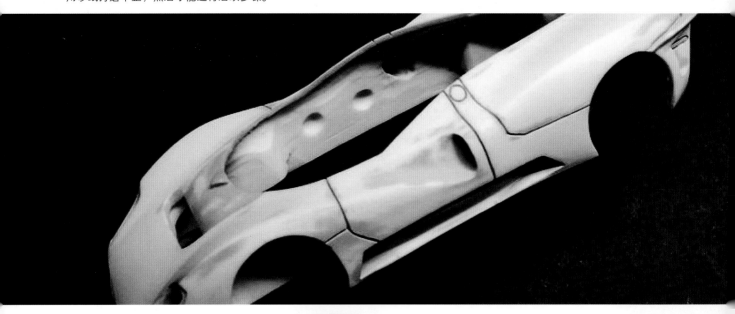

小零件一般不仅精致而且脆弱。如果零件有变形，可以将其泡在热水中软化后再修整。

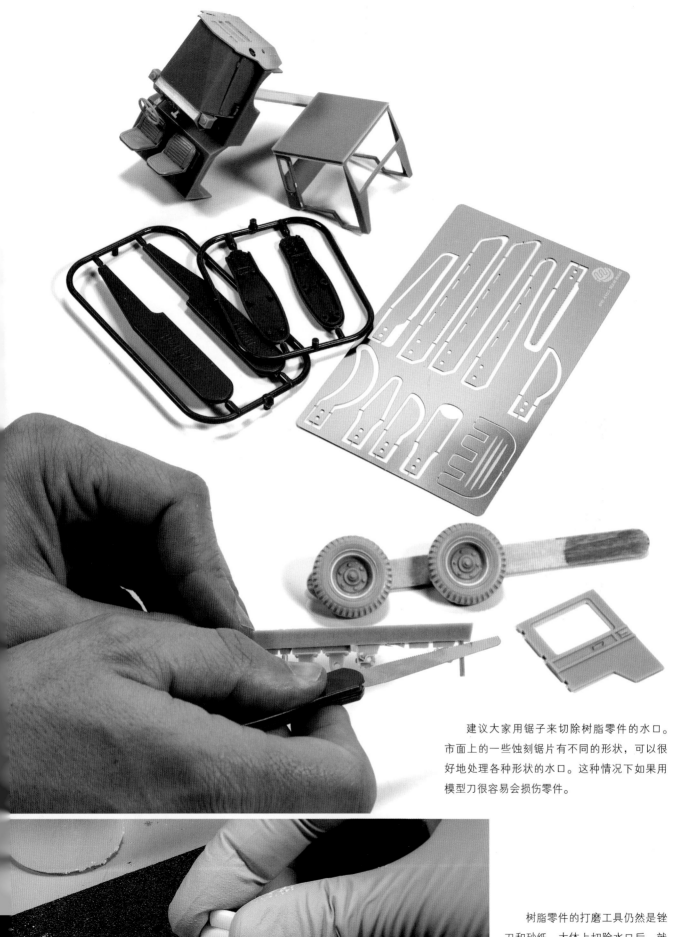

建议大家用锯子来切除树脂零件的水口。市面上的一些蚀刻锯片有不同的形状，可以很好地处理各种形状的水口。这种情况下如果用模型刀很容易会损伤零件。

树脂零件的打磨工具仍然是锉刀和砂纸。大体上切除水口后，就可以用蘸水的砂纸进行打磨。

第四章 组装 67

四、修复、矫正及提升细节

诚如所见，我们可以用锉刀和砂纸来处理毛边和零件边缘。修整时，可以刻意凸显车身上的区域分界和连接处，从而营造更强的立体感，使细节更加明显，切记不要将这些细节磨掉。如有必要，我们可以使用刻线工具来添加细节。有时候，我们会发现零件开模有较大错误，这就需要调整结构甚至大改。进行这道工序之前，要谨慎选择所需材料和工具。

1. 刻制车身纹路

有些模型的车身刻线不甚准确，而且在打磨时也不可避免会把某些刻线磨掉。这些线条在涂装阶段对划分车身区块及刻画机械精密感至关重要，因此我们必须将它们强调出来。刻线工具虽然好用但存在风险，不小心手一抖就会弄坏车身。如果真刻歪了，我们只能重新用补土填补并打磨。

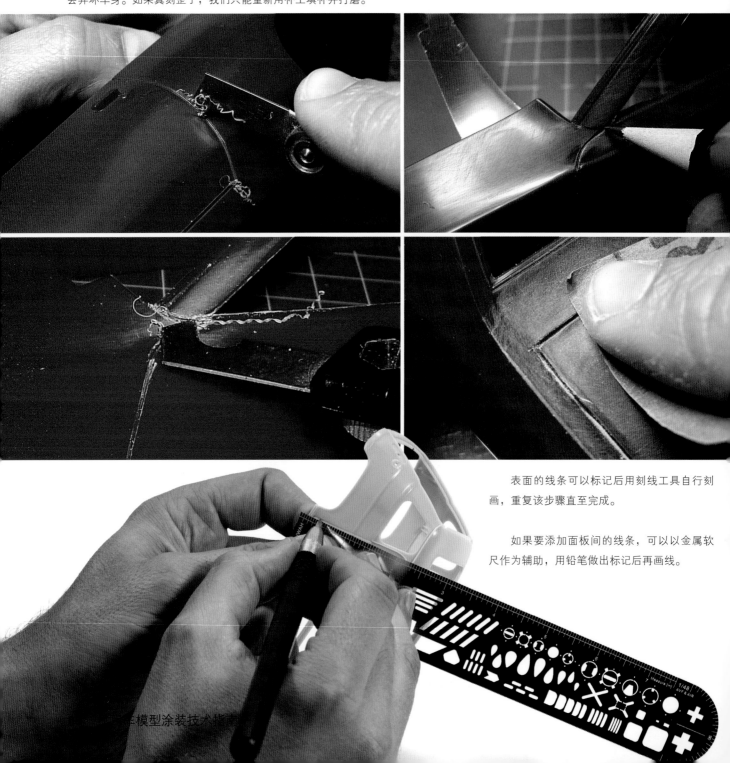

表面的线条可以标记后用刻线工具自行刻画，重复该步骤直至完成。

如果要添加面板间的线条，可以以金属软尺作为辅助，用铅笔做出标记后再画线。

2. 改造

某些时候我们会对模型进行大刀阔斧的改造，现在就通过这个例子来尝试一下如何缩小车厢空间。

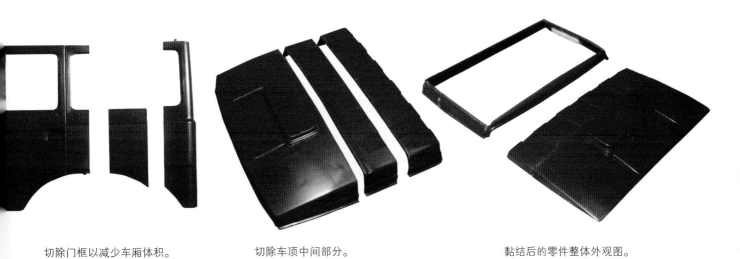

切除门框以减少车厢体积。　　　　　切除车顶中间部分。　　　　　黏结后的零件整体外观图。

车顶用 Evergreen 的胶板补强并打磨平整。

用补土填补缝隙并打磨至平滑，如有需要再进行刻线工作。

3. 零件改造及添加细节的工具

　　新近的模型套件结合了最新的生产技术和最严格的工艺标准。但我们选购模型时不一定会买到最新的套件。对零件进行改造或自制可说是家常便饭。

　　Evergreen 出品的聚苯乙烯薄板（胶板）堪称改造利器。该系列有条状、片状等，不一而足。我们可以选用合适的形状来进行加工。

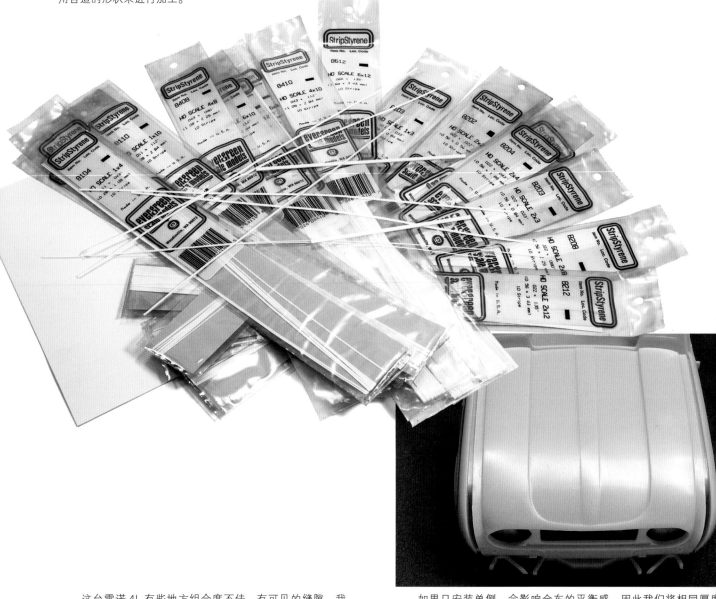

　　这台雷诺 4L 有些地方组合度不佳，有可见的缝隙。我们可以用薄胶板来填补。

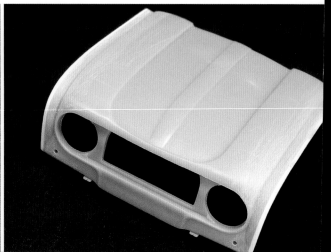

　　如果只安装单侧，会影响全车的平衡感，因此我们将相同厚度胶板安装在两侧。

零件调整完毕。

假组后发现车门还需微调才能和车体密合。

用同样的方法将胶板安装在门框上。

调整后契合度很好，稍加打磨就可以准备上色了。可以从图片上看出完成后的效果喜人。

胶板不仅能用来改造零件，在模型制作中，它还有许多用途等待我们去发掘。除了工具刀或笔刀，还有许多专业工具可以用。喜欢自制的玩家会用这类工具来依照不同表面进行精密切割。

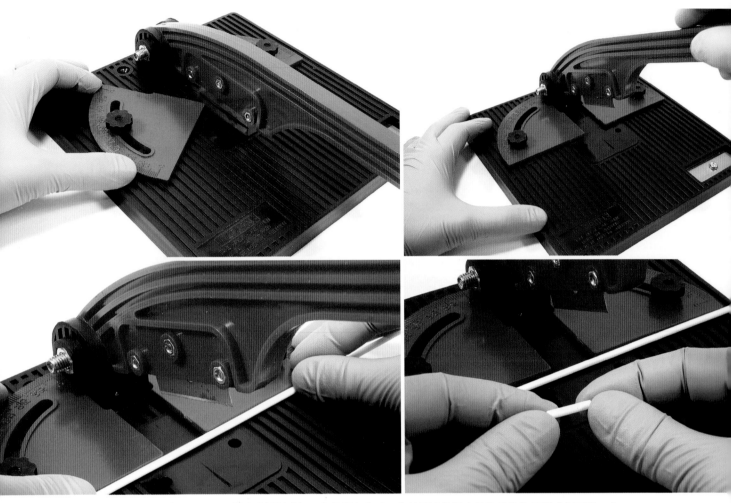

这种简单的工具会使我们对塑料改造材料的加工变得得心应手，它的设计使得直角和斜角的切割成为可能。它只能用于较细的塑料棒及较薄的板材，不过对于模型这种细致活儿来说也够用了。

这是一个用塑料改造材料加细改造后的雪铁龙 2CV 底盘。

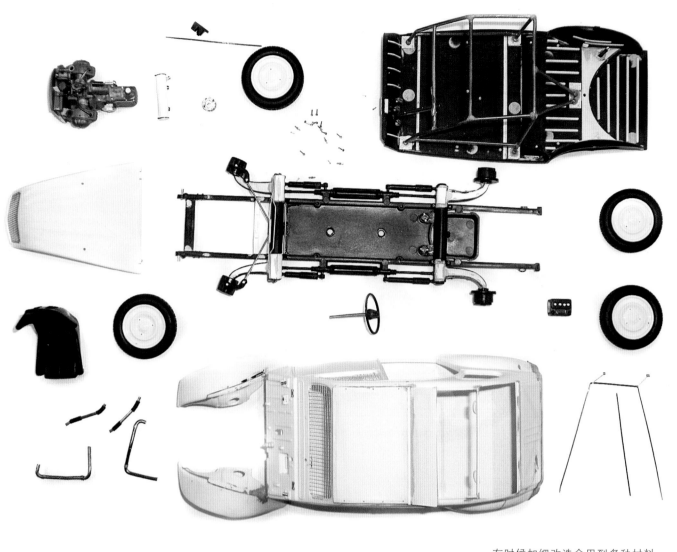

有时候加细改造会用到多种材料，
而不仅仅是塑料。

我们再来看看另一个范例。由于组合有落差，这次胶板被用来调整卡车车厢并填补缝隙。胶条和胶板既可以用瞬间胶，也可以用塑料模型胶来黏合。

先滴几滴瞬间胶固定零件，然后再用田宫流缝胶渗入结合部就可以了。

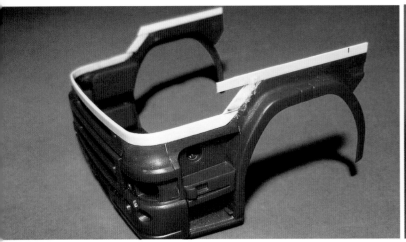
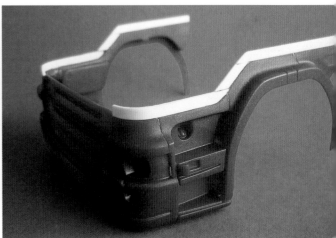

这种塑料板材可用普通模型胶来黏合，也能简单地用笔刀塑形。由于厚度较薄，在曲面上也能方便地进行加工。

涂装后相对于原件，简直是脱胎换骨啊。

胶板还能用来填补楔形缺口，只要经过简单的打磨，就能得到平整的表面。如果缝隙较大，用胶板填充会比补土效果来得好。

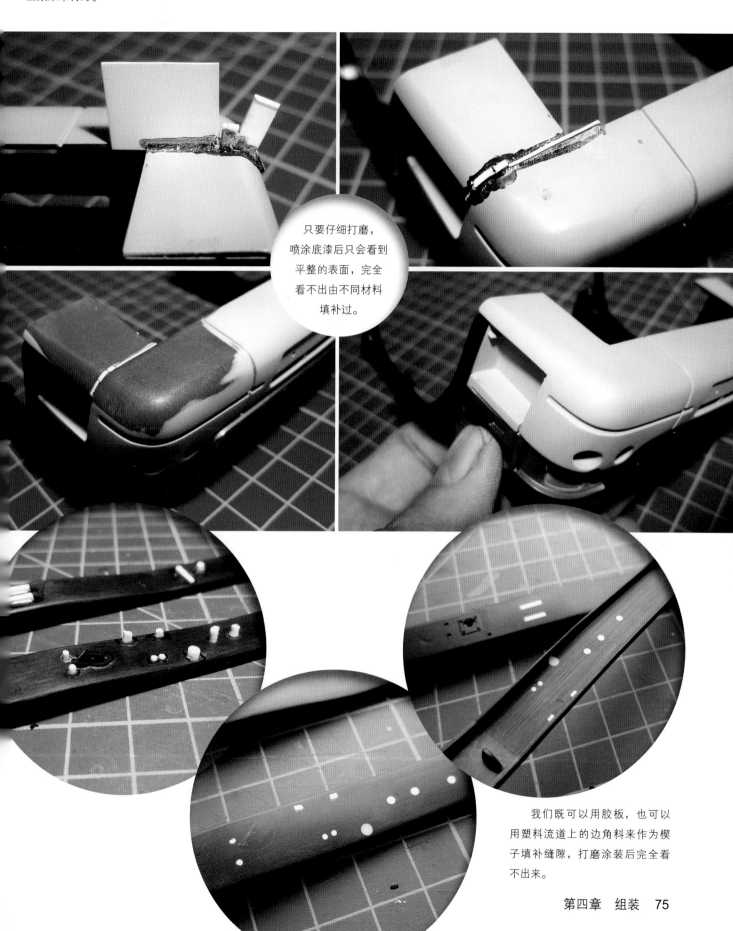

只要仔细打磨，喷涂底漆后只会看到平整的表面，完全看不出由不同材料填补过。

　　我们既可以用胶板，也可以用塑料流道上的边角料来作为楔子填补缝隙，打磨涂装后完全看不出来。

4. 活动门及其他可加工零件

　　如果要保持车门和行李箱盖打开的状态，就得将这部分零件完全切下，然后才能进行后续加工。先用锋利的刀刃沿着线条走位，直至将其完全切除。这个步骤要尽量缓慢细致，否则很有可能损伤零件。

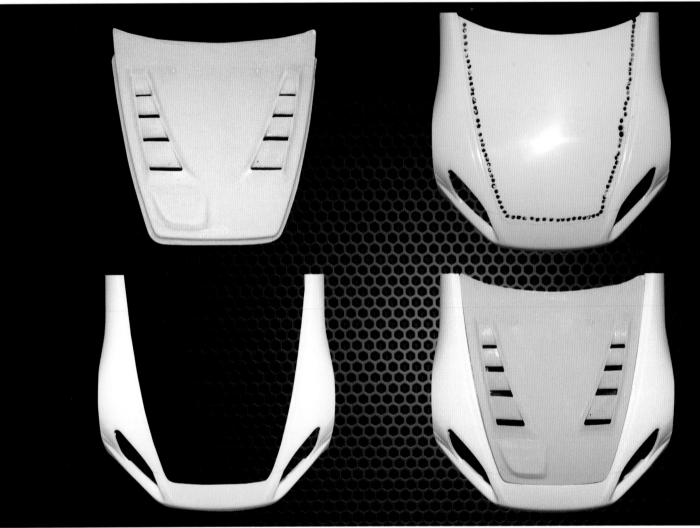

　　将这台本田的发动机盖换成树脂件就可以做出另一种车型。由于原发动机盖废弃不用，我们下手就可以放肆一点了，只要注意别伤到车体就行。先做好标记，然后将其切除即可。记得用锉刀和砂纸来修整树脂件。

图中的这个进气口是密封的，我们要用工具刀和锉刀来开口。这类小改造能够使成品增色不少。

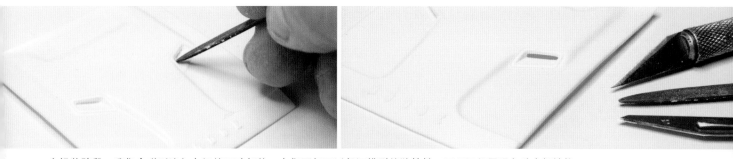

在组装阶段，我们会碰到诸如车门等可动部件。它们不仅可以保证模型的独特性，而且还能展现各种内部结构，将模型提高一个档次。

卡车上的侧箱开口可以做成打开或关闭状态，从而展现内部细节。我们选择做成开启状态。下面就来看看如何处理。

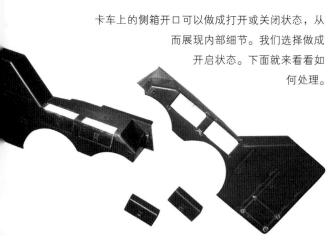

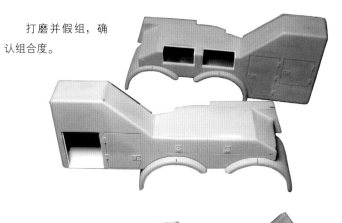

先用塑料薄片制作侧箱内部。

用0.5毫米胶板在车体上搭建框架。

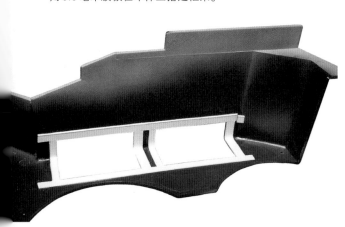

打磨并假组，确认组合度。

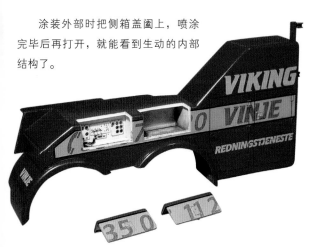

涂装外部时把侧箱盖阖上，喷涂完毕后再打开，就能看到生动的内部结构了。

5. 车身的改造

有时候，我们会希望在车体上进行改造，从而改变模型的外观。图中这台保时捷用胶板和补土做过改造，如今浑然一体，效果完美。

我们从原始套件开始加工。

沿分割线切除侧裙，换上新零件。

这类改造的重点是保证零件之间的完美契合，这样后续才不会出现问题。

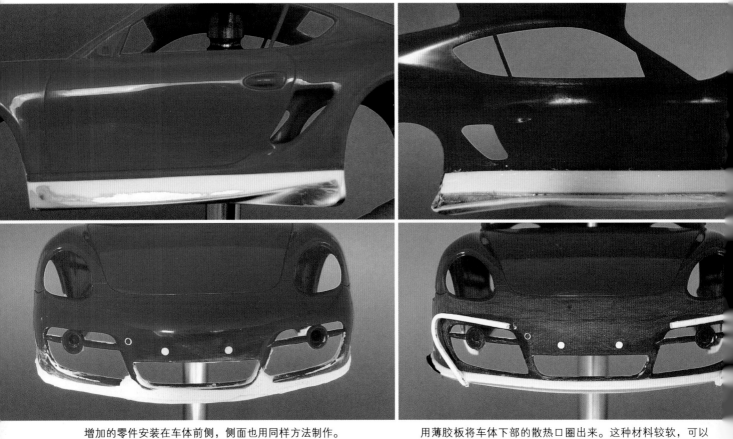

增加的零件安装在车体前侧，侧面也用同样方法制作。

用薄胶板将车体下部的散热口圈出来。这种材料较软，可以紧密贴合车体，非常合适。接着再用金属刀具塑形。

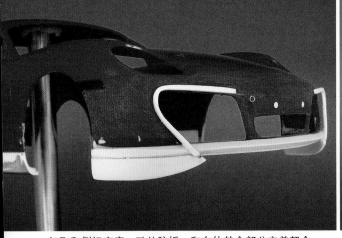

切取和侧裙高度一致的胶板，和车体其余部分完美契合。

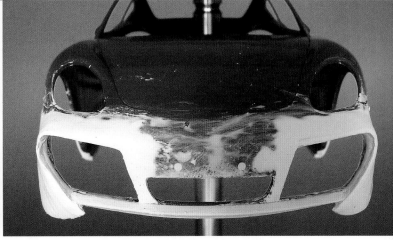

填补一层补土用来平滑原始车身和改装零件之间的线条。

最后再进行打磨

先用铅笔标记塑料型材上准备切除的部分。

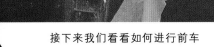

接下来我们看看如何进行前车灯内部结构的细节改造。

调整零件并钻孔。

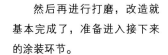

然后再进行打磨，改造就基本完成了，准备进入接下来的涂装环节。

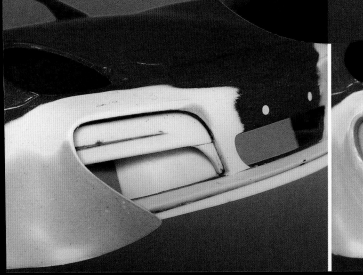

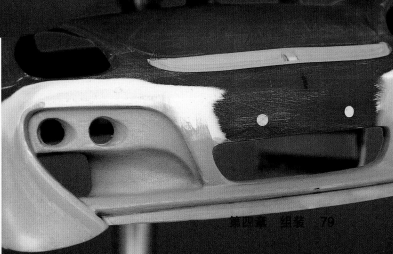

6. 如何自制塑料尾翼

汽车尾翼能够增添额外的空气动力。我们首先要画草稿勾勒出外形，就像裁缝制衣那样。

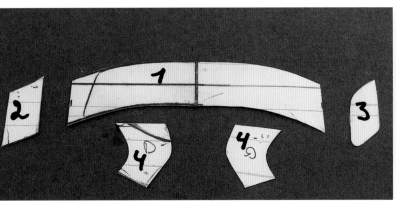

尾翼的大致外形可以分解成如下零件。

切割胶板并黏合，胶板要根据模型比例选择合适的厚度。

接下来要整体填缝
并打磨边缘。这个过程
可能要耗时数天，其中
大部分时间是耗在等待
补土彻底干透上。

7. 用补品改造车体

改造不见得只能使用胶板。本例我们选用市售补品来改造这台大众车，零件的契合度堪称完美。使用补品，能够为我们节省大量时间，效果也是非常棒的。

我们只需按图索骥地将补品粘接到车身上即可。后续的填缝和打磨会直接影响到成品外观。

8. 根据设计图自制模型

如果我们想做出一台独特的模型，我们必须更深入地探究整体架构。不过很多模友喜欢开盒直做，对各种复杂的改造加细并不感兴趣。通过这台美国怪兽卡车，我们将示范根据汽车设计图上复杂的框架来自制汽车底盘框架。

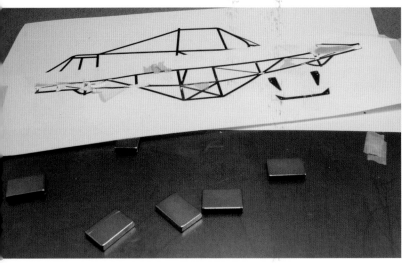

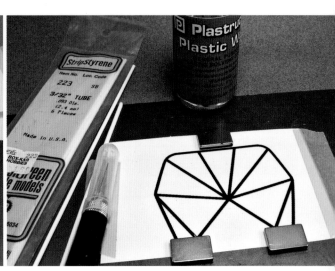

将汽车蓝图贴在薄钢片上，用强力磁铁固定。底盘主体框架是用 Evergreen 的胶棒制成，并用液态胶进行粘接。

先进行底盘下部的制作，然后再开工驾驶舱防滚架和避震塔。用小块磁铁固定胶棒。

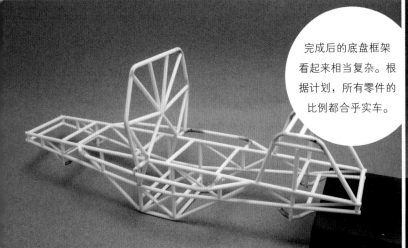

完成后的底盘框架看起来相当复杂。根据计划，所有零件的比例都合乎实车。

将其与车身进行假组，契合完美。

先在纸上描绘出该车"手臂"部分的样板，然后再翻制成塑料板并与车身粘接，最后用补土填补塑形做出立体效果。

将塑料件粘接到位以后，用蘸了水的手指和牙签在环氧树脂补土上塑出肌肉形状。

补土步骤完成后，用普通补土进行填补和修饰，最后用砂纸打磨进行微调。

再来看看悬挂部分。前后驱动轴罩是用黄铜制成的，套环是用空心铜管切出来的，两边则是较小的铜管。焊接并调整尺寸后，将它们粘接在悬挂系统上。

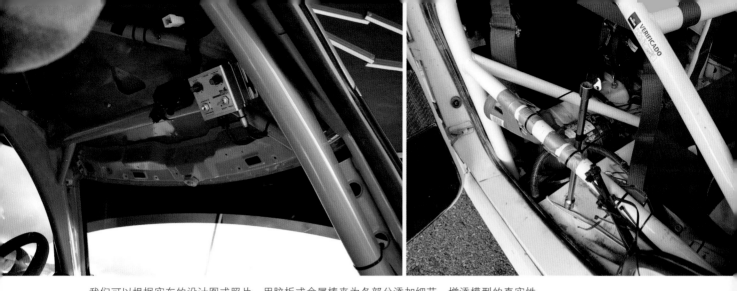

我们可以根据实车的设计图或照片，用胶板或金属棒来为各部分添加细节，增添模型的真实性。

我们可以利用按比例缩
小的设计图来自制框架，增
进细节。

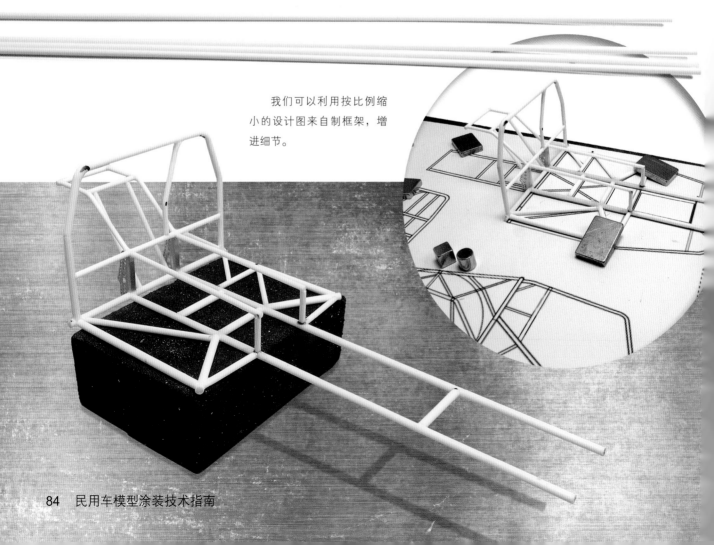

塑料圆棒很适合搭建这种内部支架，只要按照模型比例选择合适的直径即可。可以使用热源来进行折叠和弯曲，用普通模型胶就可以轻松黏合。

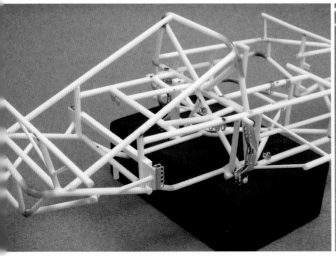

一些无法用胶棒表现的细节就只能靠蚀刻片了，它们能有效提升细节，使模型离实物更近一步。

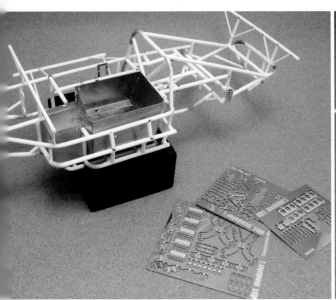

蚀刻片可以用瞬间胶轻松黏合，胶片用普通模型胶就行了。

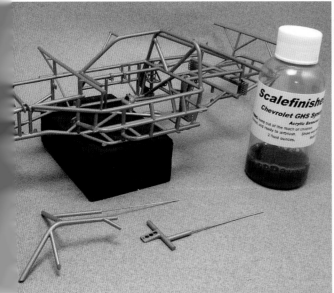
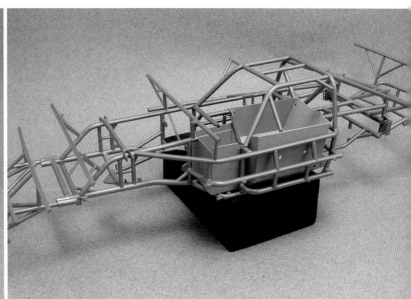

喷涂完毕就可以告一段落了。

五、蚀刻片的加工

谈到蚀刻片，很多模友都会心生厌恶。主要原因是蚀刻片的处理较为麻烦，或者也可能只是因为不够熟练而已。其实只要掌握，制作起来并不会难。我们只需准备一些简单的工具即可，完工后的表现会比塑料件惊艳得多。

各种尺寸的工具有助于我们处理不同大小的蚀刻片。

处理蚀刻片的第一步和塑料模型一样，就是将其从流道上剪下并修整毛边。该步骤只需用到笔刀和锉刀即可。

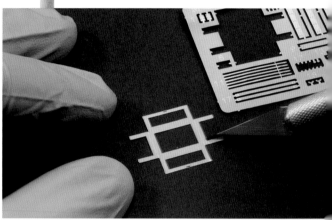

蚀刻片工具台的原理其实很简单，它是由开出凹槽的压片夹住蚀刻片的一部分，然后用薄刃将另一部分掀起，从而实现折叠。

如图所示，大部分蚀刻片折叠起来都不难，当然也会有些难度较大的就是了。

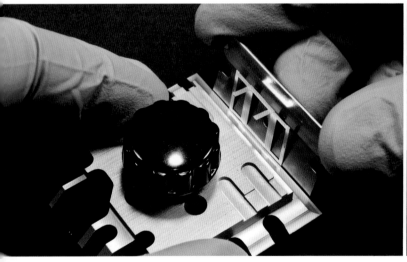

蚀刻片也不总是平面型的，有时我们会碰上需要弯曲或卷曲的零件。这种情况也并不复杂，只需选择一个硬质表面来进行辅助就可以了。图中我们用的是唾手可得的打火机。

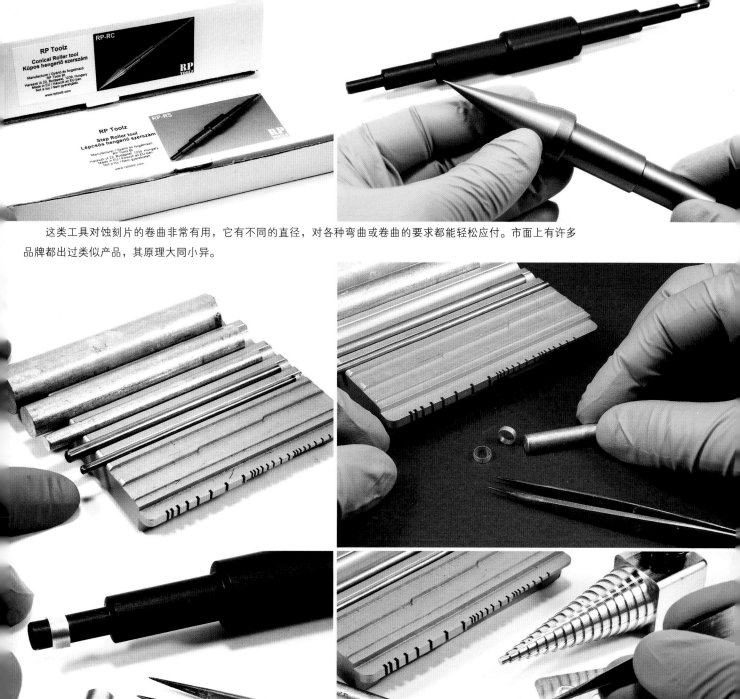

这类工具对蚀刻片的卷曲非常有用，它有不同的直径，对各种弯曲或卷曲的要求都能轻松应付。市面上有许多品牌都出过类似产品，其原理大同小异。

该工具虽然直径不同，但使用原理都一样，都是作为蚀刻片弯折的基座。

蚀刻片的焊接

蚀刻片弯折好以后，可以用瞬间胶或环氧树脂胶粘合，但建议大家有条件的话还是进行焊接，成品效果更整洁精致。

本章节就和大家说说如何简易地进行蚀刻片的焊接。一套好工具必不可少，焊枪、焊锡等尽量选用正规厂家的产品。此外，建议各位在坚硬的陶瓷表面工作，作业过程还需要准备一把金属刷子。

电焊和气焊的效果差别不大，个人按照自己的方便和喜好择其一即可。两者各有其优缺点，电焊比气焊更好控制；而气焊无须电线，操作起来会更顺手些。

操作过程中，可以用注射器来添加助焊剂。当然了，如果用牙签挑着也可以。

在坚硬的台面上放一小块焊锡（别用手碰，小心高温），点涂助焊剂后将其固定不动。

这台骨架是由金属
管焊接而成的，和实车
的车架一模一样。

以这台拖车为例，我们来看看如何焊接。

一些大比例车辆，例如这台1：16的拖车，制作过程会用到大量的金属零件。其中，铜片最为常见。

这台改造的拖车后轮槽部分是用几片薄铜片焊接而成的。在这种大家伙身上用金属铜来加工，可以很好地保证强度，而用塑料件可能会产生形变。

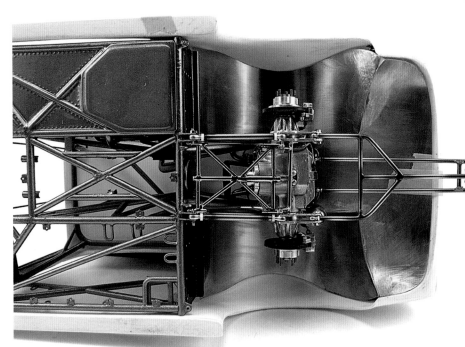

用少量焊锡将零件在车身上安置到位。确认组合度后，用焊锡填补零件之间的缝隙，这样可以大大提升车体的强度。

车身后部和尾翼等部分也用同样方法制作。先弯折成形，再将其焊接在一起，最后再安装到车体上。

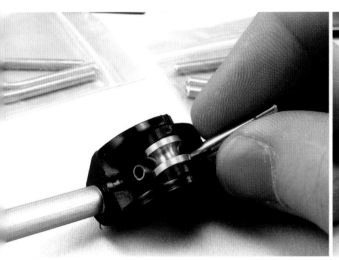

发动机的几根排气管需要一些角度。将几根铜管分别弯折成形，然后安装上发动机确认尺寸。

将四根铜管焊接在一起，再加上一些细节蚀刻片。然后每套总成使用两个定位桩固定在发动机上。

最后，用打磨棒和砂纸将多余的焊锡磨除，准备开始进行喷涂。

该车很适合用来示范大面积平面蚀刻片如何加工。这类大型接合面最适合用焊接来固定。

由于塑形容易，我们可以用铜片来制作内部踏板及车身面板，弯折成形后将它们焊接起来。

从左边开始逐块安装直至完整，中途可以用田宫遮盖带进行暂时性固定。

车身侧面先切割成型，然后照实车外观弯折成合适的形状。塑形完毕后，再安装裙板和支架。

所有零件先试着安装到底盘上并进行校准，这个过程同样用田宫遮盖带固定。

涂装完毕并上完水贴后，车身
外形逐渐凸显出来。

接着，我们再来看看小比例车辆的处理。比例越小，精度越高，这种情况下焊接肯定比胶水黏合更加适宜。

这套 1：64 的模型几乎全部是由铜质蚀刻片组成。图中我们已经将主要部件弯折成形并焊好。

底盘后部的零件也需要焊接，这里需要用到含银焊锡和液态助焊剂。

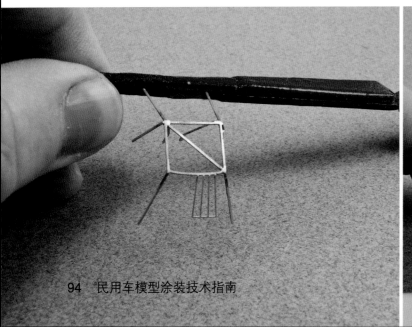

小心地在放滚架的连接处处理焊点。焊接好以后可以最大限度提高模型的强度，防止散架。

全部焊接好以后，用细目砂纸磨去多余的焊锡。

弯折车顶并尝试和车身契合。在后续的组装中，车顶下部还会有支架进行定位。

该套件的车轮和车胎都是树脂制品，记得先打磨毛边再上色。轮胎为消光黑色，轮毂为荧光橙色。

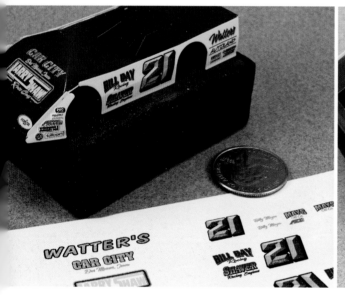

车体先整体喷涂灰色底漆补土，然后用田宫的水性红色和黄色进行涂装。水贴使用透明水贴纸，在 ALPS 打印机上打印制作。

车体上色并贴完水贴后，准备进行安装。

六、如何处理透明件

建议大家拿到模型套件后马上检查透明件是否保持完好，有否损坏或遗失。

透明塑料表面很容易留下划痕、污垢，甚至胶水挥发引起的塑料分解。自制有弧度的透明件难度很大，所以我们主要还是依赖模型套件里的产品。

透明件要用白乳胶来黏合。

套件中的透明零件一般都被小心翼翼地独立包装，避免运输过程中产生刮擦，但还是偶有损坏的情况出现。要解决这个问题，我们就只能重新进行抛光等处理，重现其光滑如镜的外观。

右上的照片表现的是挡风玻璃和后窗玻璃透明度不佳的情况（图1）。

用细目砂纸和打磨棒打磨零件，之后的教程也会用到这种处理方法。

这是一项精细的工作，建议浸在肥皂水中作业，打磨时也要注意不要施加太多压力。这类塑料与套件中的其他零件不同，它们一般韧性较差，容易碎裂（图2）。

接下来进行透明件内外侧的抛光（两面都要），如图所示，用棉布小心地进行打磨（图3）。

最后，在肥皂水中用指尖轻轻地进行摩擦，除去表面的碎屑并晾干（图4）。

零件干燥后，整体涂上轻薄透明溶媒液光泽涂层。这次使用的光泽涂层包装较小，零件塞不进去，所以将其倒入较大的容器，然后才能把舱盖或类似透明件浸入。把光泽涂层倒在较大容器里，看来很有必要（图5）。

1

2

3

4

我们将光泽涂层倒入较大容器时，一定要等到液体都稳定了才可以，切记不能有气泡，否则后续的使用会出现问题。

这种处理方法的原理是用轻薄透明溶媒液来修复透明件上的瑕疵。方法就是将零件浸入光泽涂层几秒即可（图6）。

漆体稳定后，缓缓地将零件浸入，几秒钟后再慢慢地将其取出，整个过程要避免产生新的气泡。然后让光泽涂层自行滴完，并放置在吸水纸上沥干。这时候再把零件放在无尘的地方待其充分干燥。

结果令人满意，表面的光泽涂层看起来很均匀，这样就能把原本困难重重的透明件瑕疵问题解决了。

5

6 7

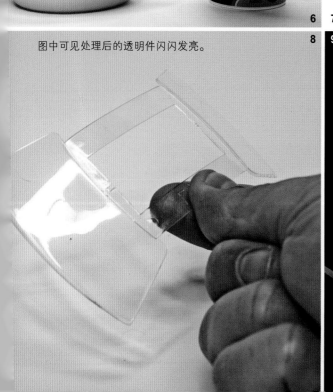

8 9

图中可见处理后的透明件闪闪发亮。

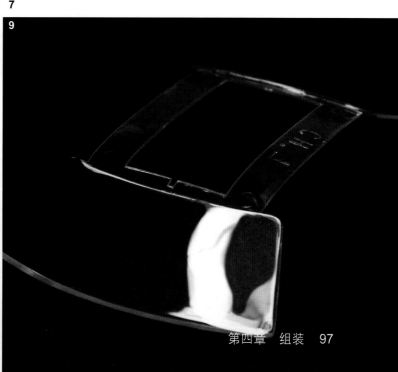

七、特殊零件的细节提升

有些零件的设计和开模都不尽人意，细节缺失或根本没有细节，如套件中的支架和托架这类零件往往很简单。如果要做出精美的车模，我们需要改造这类零件。我们应当把模型制作回归到实物上，照片等真实的参照才是我们遵循的依据（网络可以为我们提供无限的资源），这将彻底改变模型的外观。

小细节有大变化，我们将向大家展示如何改造套件中过厚的托架。Evergreen 出品的改造材料非常好用，建议大家可以选购一些不同的大小和形状（胶板、胶条、胶棒等）备存。这种改造方法并不能解决所有的问题，我们在遇到麻烦时要充分发挥想象力。

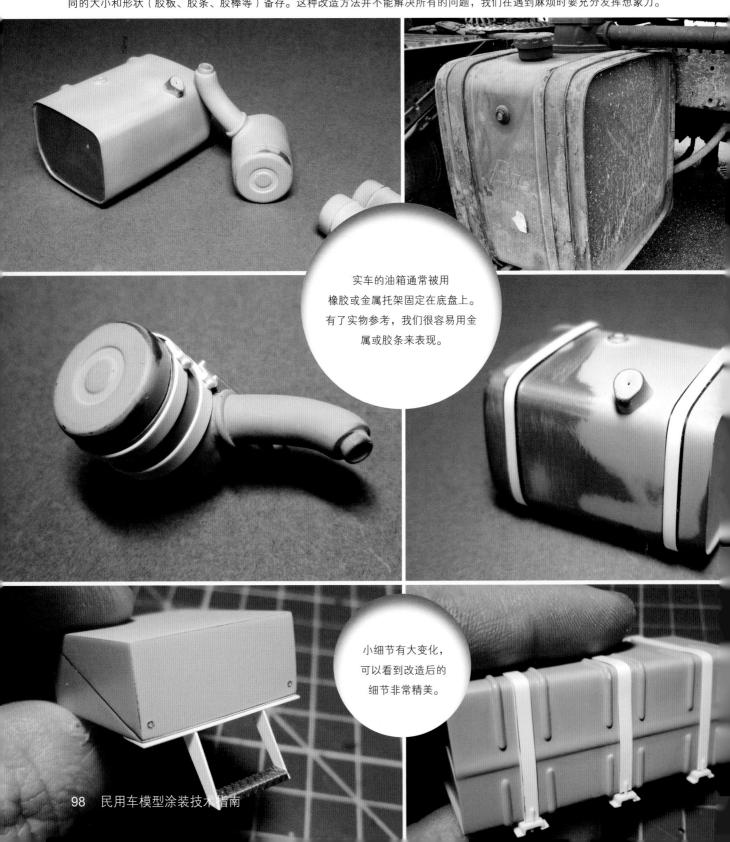

实车的油箱通常被用橡胶或金属托架固定在底盘上。有了实物参考，我们很容易用金属或胶条来表现。

小细节有大变化，可以看到改造后的细节非常精美。

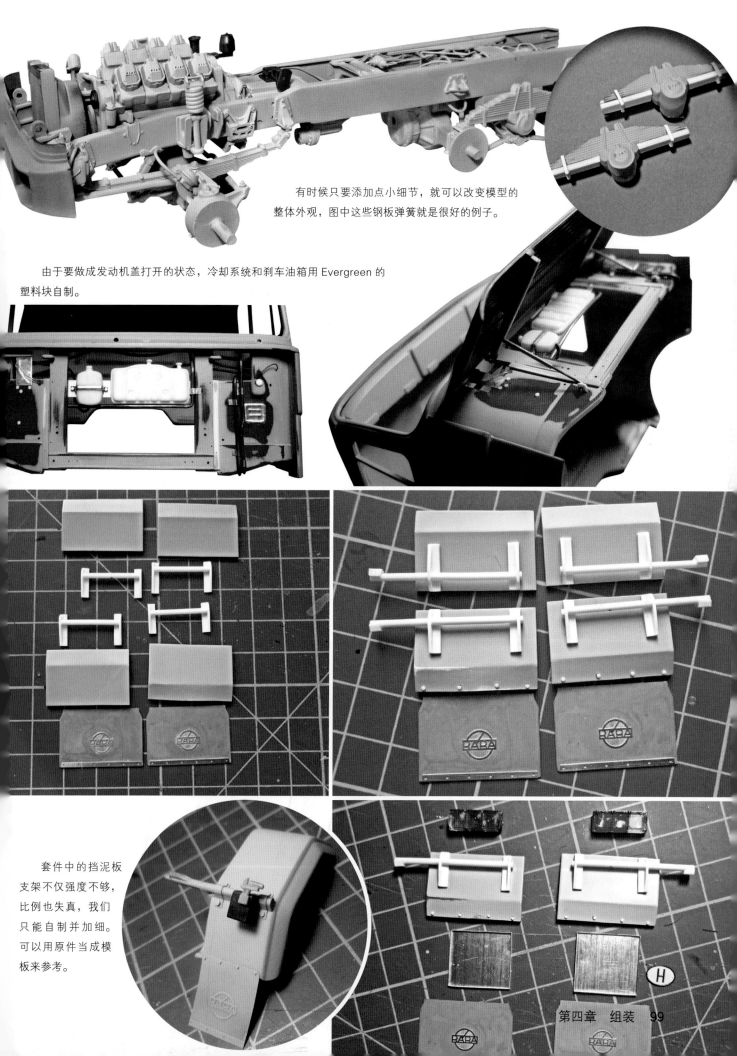

有时候只要添加点小细节，就可以改变模型的
整体外观，图中这些钢板弹簧就是很好的例子。

由于要做成发动机盖打开的状态，冷却系统和刹车油箱用 Evergreen 的
塑料块自制。

套件中的挡泥板
支架不仅强度不够，
比例也失真，我们
只能自制并加细。
可以用原件当成模
板来参考。

1. 为发动机添加细节

发动机是民用车模中的一个重要部件，我们必须用心制作，确保其精美。套件中的发动机丢失了很多细节，我们只能要么自制，要么购买树脂产品来替换。

下面我们就来看看如何用不同材料来为发动机进行细节添加。

模友们应当为自己心爱的模型寻找最适宜的方法来加工，现在我们就来玩转这台发动机。我们可以从网上下载实车资料图片，或者翻阅相关的图集等，用简单的基本材料来进行处理。

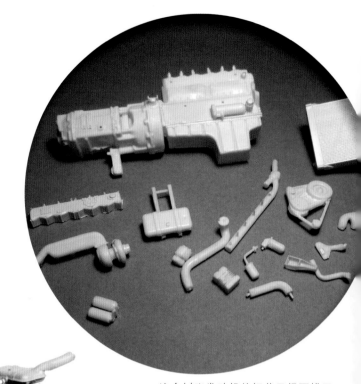

这个树脂发动机的细节已经不错了，但我们还是应该找些基础材料来进一步增添细节。

这四张图从不同角度展示了添加管线、铆钉、螺栓甚至蚀刻片夹具后的发动机。

发动机是车上重要且最复杂的部件，它能为全车增添很多真实感。我们应当尽可能多地收集相关图片，用塑料或金属的棒、管、铜丝、铆钉等添加细节。不过切记这个过程并无规范可循，每台发动机都不一样，做出来的外观也是千差万别。

做好后要想方设法将其展示出来。图中的发动机已经准备好上色。

整体喷涂底漆补土准备上色，底漆补土能够把不同材质的细节统一起来。

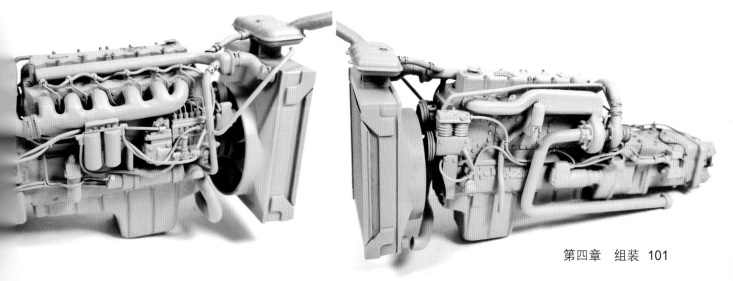

2. 为吊机添加细节

　　碰到外形基本准确的零件，我们无须将其整体替换掉，只要基础的细节改造就足够了，而且市售补品未必有匹配的产品。如下图，我们可以看到这台绞车的细节是如何添加的。

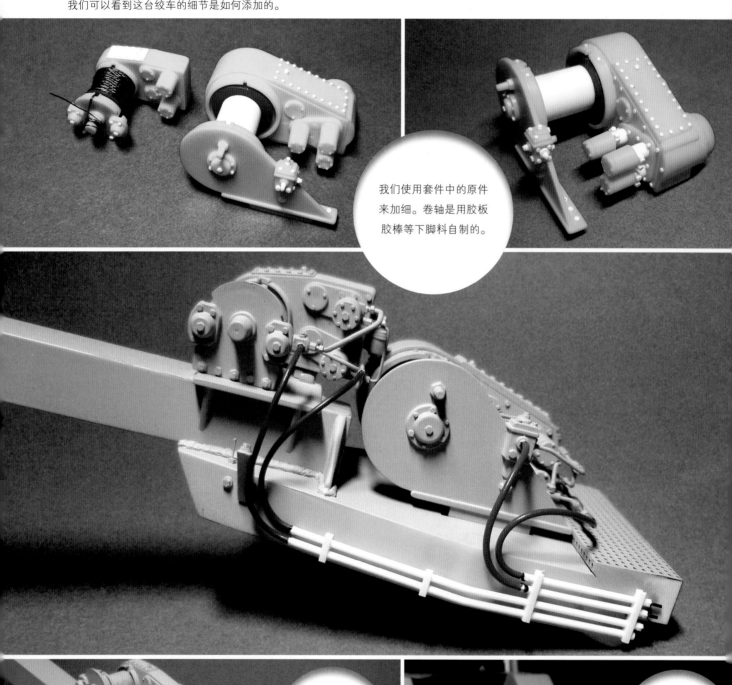

我们使用套件中的原件
来加细。卷轴是用胶板
胶棒等下脚料自制的。

液压系统用
Evergreen 的胶
棒和铜丝进行
改造。

钢瓶是直接切下
来的金属棒。

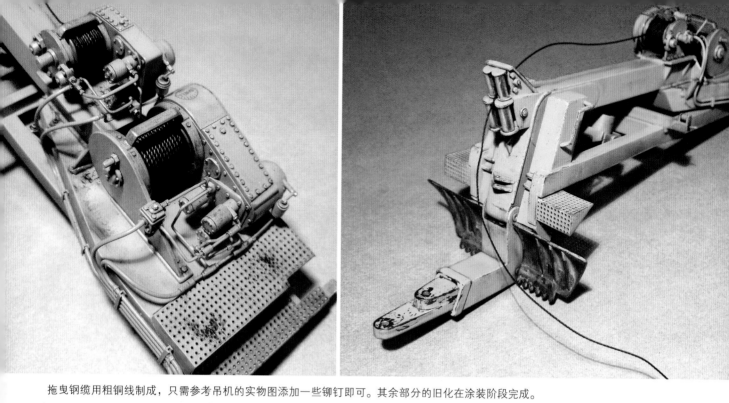

拖曳钢缆用粗铜线制成，只需参考吊机的实物图添加一些铆钉即可。其余部分的旧化在涂装阶段完成。

3. 铆钉和螺栓

在一些年代久远的套件里，螺栓的表现往往不尽如人意。这就需要我们动手进行添加和升级。

和之前一样，我们需要参考尽可能多的实物图片来进行套件升级。同时，也应当熟知六角形、圆形、方形等各种螺栓的分布和具体位置。我们既可以利用市售的树脂或金属补品，也可以自制来完成。

图中可以看到各式各样的螺栓、螺钉和螺母。我们既可以使用市售的塑料或树脂螺栓补品，也可以用蚀刻片螺栓和垫圈套件来进行这项工作。

用锋利的刀具将套件中的螺栓切除。

在车身上钻出螺钉孔。

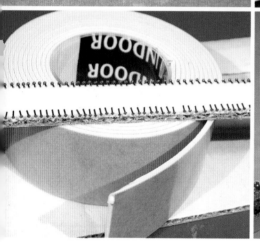

将螺钉固定在遮盖带上，准
备进行喷涂。

有时候，模型上的螺栓除了装饰外还有实际用途，例如将某些零件连接在一起。图中的这台大比例摩托车就是个很好的例子。

我们可将原件的塑料螺栓替换成小比例模型的金属螺栓。首先以原件为模板钻孔，在内侧垫上塑料垫圈，然后用轻薄溶媒液将这个十字纹螺栓固定住。

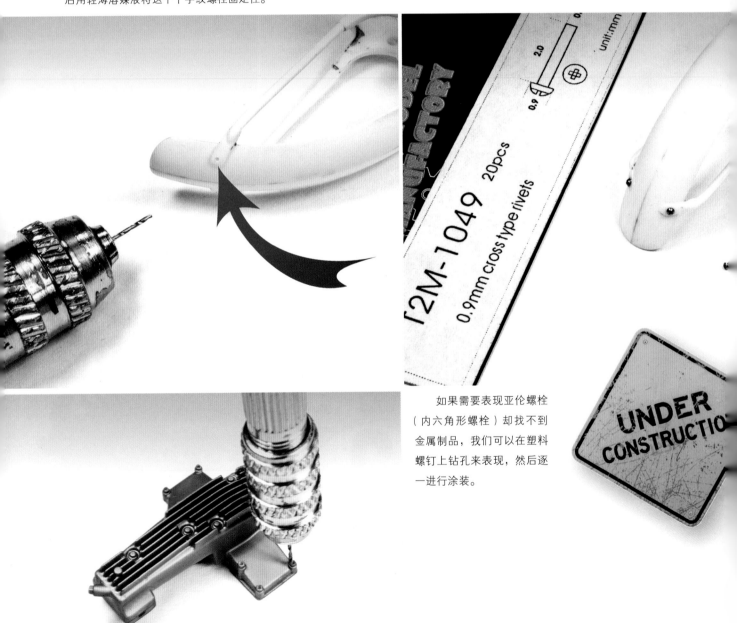

如果需要表现亚伦螺栓（内六角形螺栓）却找不到金属制品，我们可以在塑料螺钉上钻孔来表现，然后逐一进行涂装。

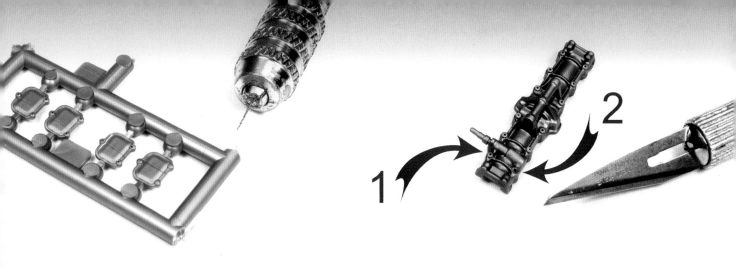

如果要切除原件的螺钉和铆钉，建议大家在零件还在流道上时就进行这项作业。先用直径较小的钻头在中心部位钻孔，然后再用尺寸合适的钻头扩孔，这样就能防止钻歪。

铜制螺栓在黏合前要先涂装好。我们可以先将其插在泡沫板等材料上，上完补土再上漆即可。

插在遮盖带上的螺栓，准备进行涂装。

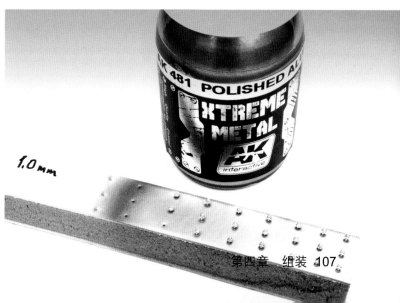

如何自制铆钉

Punch&Die 出品的这套铆钉冲子很好用，它由冲子和垫板组成，任何大小、形状的铆钉都能轻松制出。

这套工具也是铆
钉冲子，原理相同。

我们可以用镊子和
瞬间胶将其正确定位粘
接。照片中的螺钉是模
型专用的市售补品。

4. 使用线材布线及改造

对于电机、发动机、刹车系统、把手及各种脆弱的细节来说，不同直径的线材由于其重量和外形和实物相似，作为改造加细的利器可谓是必不可少。

图中列举了不同颜色和粗细的各种线材。其实生活中还有很多，寻找这些材料对我们的想象力是一大考验。

比如图中的线盘和电动机。

活用多种不同线材及接头的底盘为细节提升增色不少。

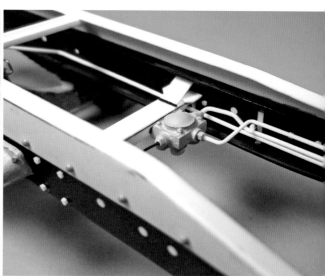

我们要清楚柔性和刚性线材以及橡胶软管的差异，其直径也很重要。

模型套件通常不包含管线，而且往往只有基本结构。我们可以视而不见，也可以增添各种管线和液压系统，为模型升级。这个过程并不容易，我们需要大量的资料图片来进行模仿并添加细节。比起模型，这个步骤可能更耗时。有些部位易于改造而且效果出彩，比如火花塞管线、摩托车液压管等，但其他一些地方往往比想象的困难。说着容易，其实只要打开发动机盖，想象着将里面的部件按照1∶24缩小就行了。

我们要根据实际需求选取不同尺寸的线材，其中最常用到的是各类铜线或锡线。电话线就是不错的选择，它的外面往往包裹着一层绝缘层。

为了做出燃油管线及其他空心管，我们可以用透明的塑料线来制作，小心地将其弯折成和实物一样的外形即可。下面就来看看实例。

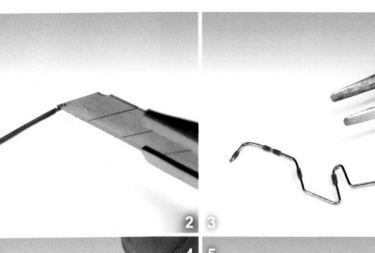

图 2：用工具刀将电线外层的绝缘层去除。

图 3：用瞬间胶固定，用镊子塑形。

图 4：通信线缆模仿线圈弹簧制成。

图 5：通信线缆完成。

图 6：上色前要先喷涂底漆补土，然后就可以用 AK 的水性漆轻松上色。

图 7：涂装完成后可以适当旧化，添加一些污渍和油渍可以进一步增添真实感。

在棒材上卷曲电话线就可以轻松做出图中的液压系统。

管线选择要以实物比例为基础。图中的金属线用在1∶43的车模上正好。

依照实车添加了管线和连接处。这是一台1∶43的车模，虽然过程辛苦，但成品的效果相当出彩。

斯帕赛道（比利时）上的实车图片。

5. 导线和管线

有时我们要自制一些管线，并且做成能看到里面含着液体的状态。

图1：透明件的流道可以用来制作透明管线。裁下一段流道并放在火上加热，软化后移开热源并拉成合适粗细即可。这就是制作天线时的流道拉丝法。

图2：有些套件的透明件是预先着色的，这就省去我们上色的麻烦。

图3：建议用硝基透明漆上色，要注意各品牌使用的溶剂一般是不一样的，切记用同厂出品的配套产品。

图4：由于透明塑料质地很脆，最困难的一步是将其塑形成我们所需的样子，不过完成后的效果几乎可以以假乱真。

各种管线的添加，能使模型的真实性更上一层楼。

把手

要为模型添加把手时，建议用这种特制的工具来将金属丝弯曲成型。这种工具有很多尺寸。

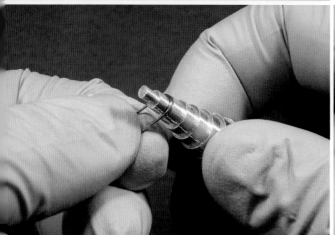

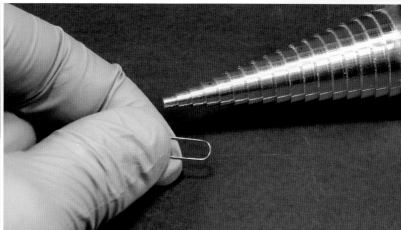

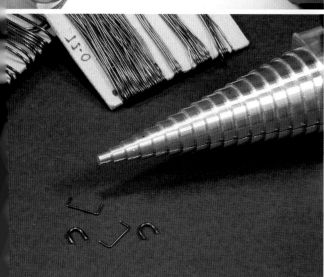

这种工具可以方便地做出各种尺寸的把手。如果要同时制作几个同样规格的把手，用起来就更显得方便了。

6. 避震及线圈弹簧

毫无疑问，随着开模技术的日渐提高，现有的模型厂商越来越好地满足了模友的需求，甚至还有海量市售补品可供选购。即便如此，我们还能更进一步。

其实用日常随处可见的材料和工具就可以为模型添加各种管线、电缆等细节，非常方便。

有些日常工具和材料可以用来方便地自制避震系统及线圈弹簧，比如图中这些胶棒和金属零件。

图片正中是各种尺寸的铜丝，韧性有余而且强度足够，非常好用。

右边是用到的工具，镊子和笔刀等。

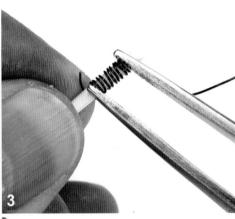

图2：选择尺寸合适的胶棒和铜丝，将铜丝逐圈缠绕在胶棒上。注意每两圈之间的间距要一样。

图3：用镊子稍微按压弹簧的末端。别按得太过，否则可能损伤铜丝。

图4：裁剪铜丝。

图5：检视弹簧长度。如有必要，将其套回胶棒并用笔刀切除过长的部分。

图6：如果要制作较小的弹簧，选用较细的铜丝即可。绕好后，用笔刀切离并固定即可。

图7：图中为不同尺寸的弹簧成品。

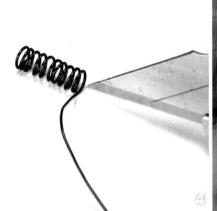
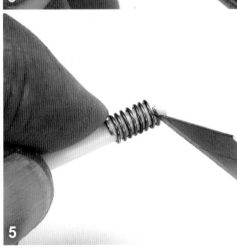

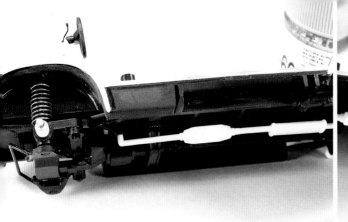

图8 9

图 8：将线圈弹簧安装到位。

图 9：用 Evergreen 出品的不同规格的胶棒来替换原件中的避震系统。

图 10：先喷上底漆补土，然后涂上混合了消光剂的白色涂料。

图 11：每个弹簧分别用蓝色、红色和锈色进行涂装。

图 12：用深棕色渍洗液处理较小的弹簧。红色和蓝色的弹簧则需整体喷涂罩光漆。

图 13：三个弹簧成品，看起来以假乱真。

图10 11

图12 13

下面我们来看看如何用首饰配件这类廉价材料来制作 1：16 道奇 Charger 的可动扣环。

我们需要一些垫片、两头有扣环的金属缆绳和首饰配件。

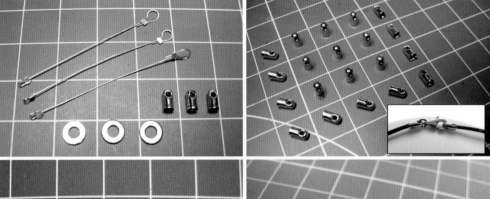

这类首饰配件在街边的两元店或五金店可以买到。

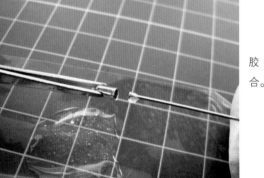

准备将钢针插进饰品。

用 AB 胶进行黏合。

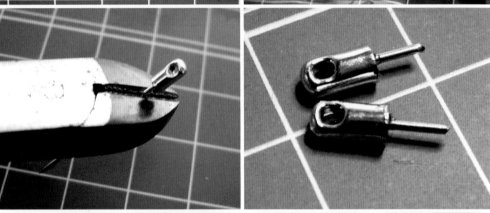

用剪钳裁断多余的部分。

在粘接处钻上直径相同的小孔。

在发动机盖对应位置上钻孔，粘上垫片。

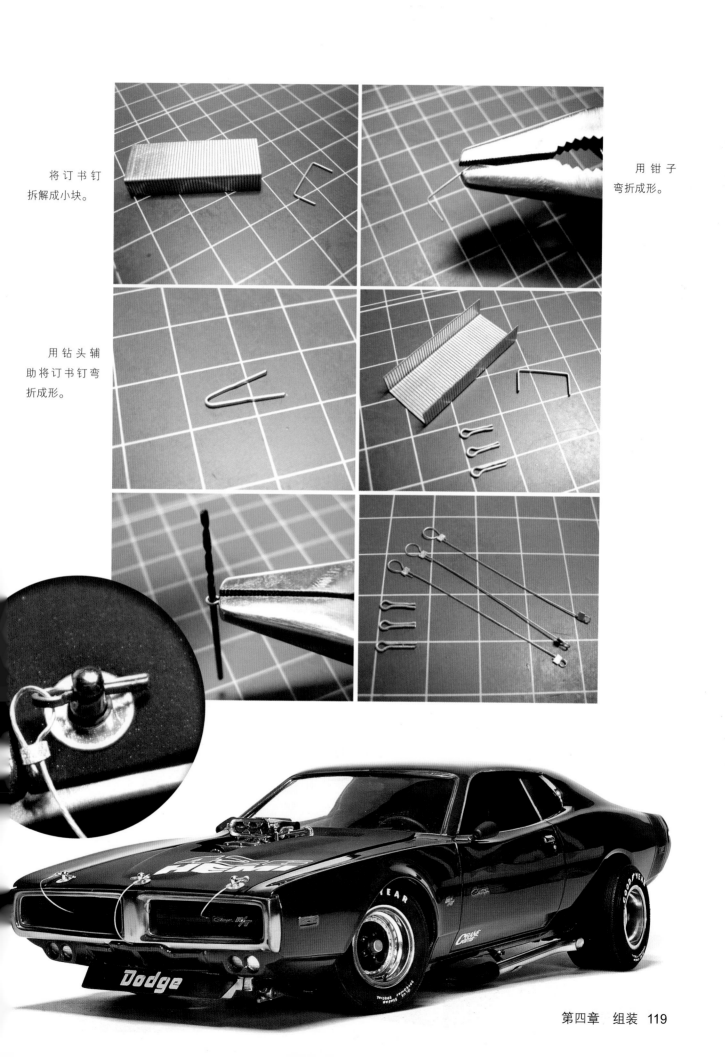

将订书钉
拆解成小块。

用钳子
弯折成形。

用钻头辅
助将订书钉弯
折成形。

7. 传动链条

传动链条是汽车内最重要的部分之一，其作用是传输动力。

原套件将链条和齿轮开为一体，我们的目标是用金属链条来代替，并使其和塑料齿轮完美契合。

替代用的链条要和原件互相比照，长度应该相等。

用钻头钻孔，插入链接销。

安装好传动链条后，再酌情增添些细节即可。

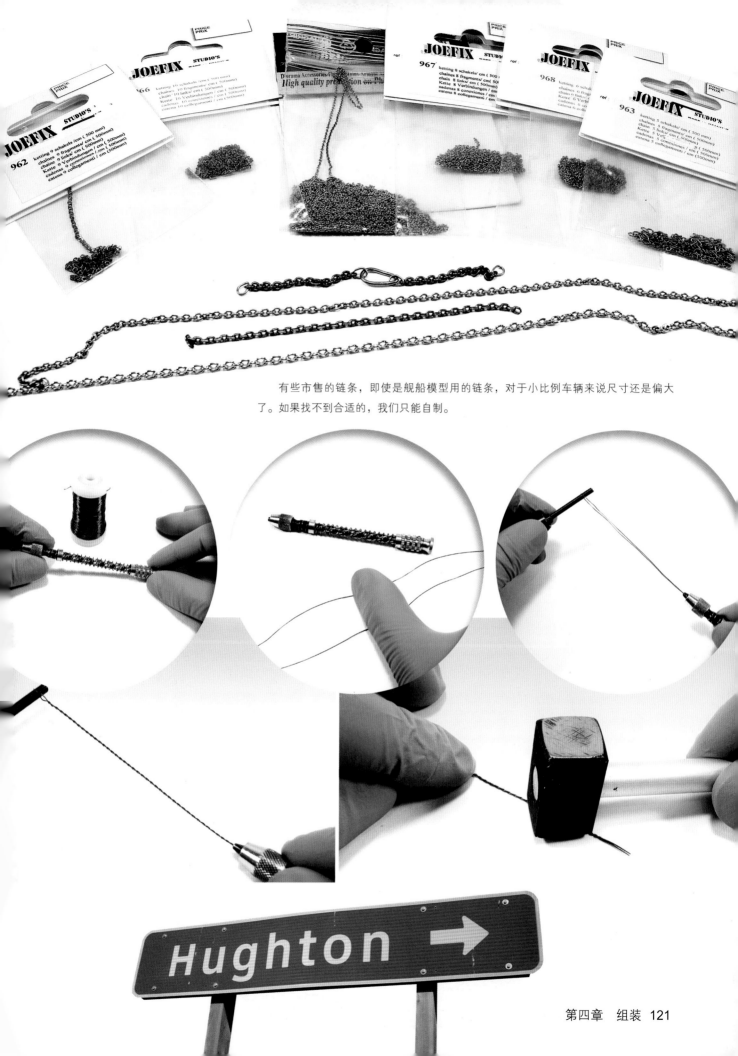

有些市售的链条，即使是舰船模型用的链条，对于小比例车辆来说尺寸还是偏大了。如果找不到合适的，我们只能自制。

八、如何进行树脂翻模

如今市面上的树脂产品，无论是整车还是补品，根据品牌的不同，材质也不尽相同。运气好的时候会买到优秀的产品，但运气不好时，买回来的东西足以令人抓狂。充满气泡、成型不良、零件损坏。这种情况往往是因为模具老化导致的。如果不幸买到这类产品，我们用树脂自制的难度可想而知。

图中这台保时捷算是质量很好的树脂产品。不过其他树脂件可能就没那么幸运了，很有可能碰到气泡太多和零件变形等问题。所以奉劝各位购买树脂产品一定要擦亮眼睛，最好是能检查套件后再入手。

有时候，自行翻模是很好的解决方法，我们要熟知其操作原理。模具使用硅胶（矽利康），用于复制零件的双组份树脂材料是液态的，所以我们得找到合适的容器来进行加工。趁硅胶还柔软时倒入容器，放入并包裹住需要复制的原始零件，切记要留出注料孔以便倒入树脂。零件上要记得涂上凡士林等脱模油，取出时才不会粘在一起。模具做好后，将双组份液态树脂混合并注入模具，成型后取出即可。

树脂翻模可以做出非常复杂的零件，其细节往往比市售的塑料件精细得多。制作塑料零件的模具一般都是钢制的，延展性比硅胶差得多。

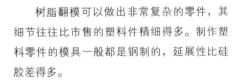

翻模时需要考虑模具的合理性，这样在开出复杂的零件时才能保证成型良好。不考虑开模逻辑的话，不仅模具容易损坏，还可能发生翻件卡在模具中无法取出等状况。如果没有真空机，零件体积越大、形状越复杂，操作起来越得小心。工业上的翻模由于使用了专业设备，能够有效地减少瑕疵、提高质量。有些模友会使用离心机，但效果比起真空机还是有所差距。

翻模零件的水口要开在方便切除的地方，不要给后续上色增添没必要的麻烦。小比例车模则建议一体翻制为好。

树脂翻模其实并不难，只要方法得当，我们每个人都可以成为翻模大师，翻出高质量零件。外形和尺寸并不是问题，掌握这门技术后，对于模型中需要复制的零件、人形、驾驶员、车轮、方向盘、座椅等，应付起来就能得心应手。

这个树脂车身出自一位优秀的模型师之手，看这树脂的颜色和质量，自制的效果完全不比市售的套件逊色。只要原型优秀，我们就能复制出很多同样优秀的零件。

九、车轮

我们也要对车轮进行重点关照。在模型制作过程中，很多时候大家会对这部分零件不够上心。

1. 轮辐

这套大比例模型的轮辐已经开得不错了，我们只需要付出一点耐心，逐个稍加修整就行了。不同品牌、不同产品的轮辐质量千差万别，修整起来的工作量也有很大差别。

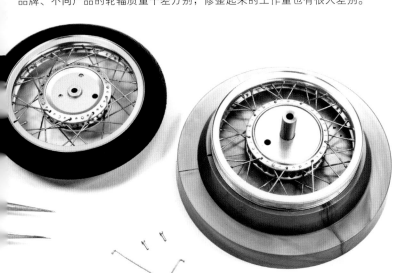

金属轮辐由于材质和色泽与实车最为相近，因此仿真度最高。

轮辐对模型整体外观影响很大，而且比较难找到替代品来取代原件。下面我们就来看看如何使用更加纤细精巧的金属轮辐来代替原件中的塑料零件。塑料轮辐往往在外形和比例上都严重失真。

　　用金属件替换塑料件时，我们不要急着将塑料件切除，而应当事先做好记号以便后续金属轮辐的替换。

　　按部就班地逐根更换，保证金属辐条对车轴的完美支撑。

一边切除塑料辐条一边换成金属制品，逐根替换直至将20根辐条全部替换完毕。

2. 轮轴

　　有时候套件的车轮没有轮辐，我们也可以酌情进行改造。轮轴是连接轮辋（轮缘）和轴心的枢纽，我们可以添加一些细节让模型看起来更加精细。

　　选用如图中形状的塑料件，穿过轴心固定在钻头上并开启电磨，这就算是一台微型机床了。零件旋转时，用美工刀添加细节，成品效果非常独特。

这个车轮的中间部位是塑料的，它和轮缘结合得相当紧密。

如果密合不好，可以用笔刀修饰调整组合度。

将改造后的车轮装上车体，效果如图所示。

3. 刹车盘

　　我们也可以依照实物为刹车盘添加细节。制动钳的颜色及刹车盘表面的金属摩擦效果，让车轮部分有了更多看点。模型中的刹车盘通常都是用塑料件来表现，我们的主要工作是仔细涂装，增添其真实感。如下图所示，我们可以用钻孔来增添刹车盘细节，这种做法在大比例模型上相对会比较容易些。最后，如果刹车盘是蚀刻片或其他类似金属零件，我们可以用之前提及的迷你低转速电机来辅助加工，最后用细目砂纸打磨，模拟真实的摩擦效果就行了。

钻孔可以有效增添刹车盘细节，大家通过图片可以看到我们是怎么对刹车盘进行加工的。

4. 轮胎

　　对于民用车来说，轮胎的重要性不言而喻。一台模型即使有着精美的车身和底盘，但轮胎却草草处理，那肯定算不上是佳作。

　　模型中的轮胎材质多种多样，常见的有橡胶、塑料、树脂等。我们要仔细处理，分别加工，并注意其旧化效果和车辆其他部位的一致性。

　　轮胎侧面的厂商标志可以用水贴、转印纸或者漏喷的方式来表现。范例中，我们先将轮胎整体喷上光泽漆，贴上水贴纸，最后再喷涂消光透明漆防止反光。如果使用漏喷法来表现，要特别注意将漏喷板贴合轮胎，防止涂料溢漏。我们也可以模仿实车，用白色铅笔在轮胎上涂写一些检查标记，这样更能增加真实感。

轮毂上的气门芯是用金属丝插入预先钻好的小孔来表现的，别忘了上点胶水。

表面已经打磨掉合模线和轮胎花纹的轮胎能增添更多真实感。如果不幸遗漏这些细节，那真称得上是重大失误了。

轮胎表面浅浅地涂一层旧化土可以做出灰尘、磨损和老化的效果，同时还能有效减少轮胎表面的光泽。

树脂轮胎也能在胎面上打磨，并用旧化土或粉彩来旧化。

低转速电磨可以在轮胎上做出磨损、割伤及残缺等效果，实车的车轮沿着胎面颠簸前行，确实会产生这类效果。

轮胎是车模成品中非常重要的一环，我们一定要用心对待。

图片列举了一些不同的车轮磨损效果。有些轮毂十分显旧，而轮胎的颜色从黑色、灰色到泛着棕褐色都有。

民用车模型制作实用工具

第五章
车体内部涂装技法

市售套件往往只有基础零件,无法满足我们对各种细节和改造的需求。因此本章会运用大量实例,逐步向各位展示车辆内部结构的涂装和细节改造。上文已经提及基础制作和部分车体改造,下面我们就来看看如何将车体内部做得以假乱真。这些部件一般都是独立制作,各自用到的技法也不尽相同。

敞篷车辆因为有大面积的内饰可视空间,因此最适合展示涂装技法。当然也不能忽略内饰、仪表板、发动机等部件。正确运用各种不同的技法,我们可以享受涂装过程并进一步提升模型观赏性。

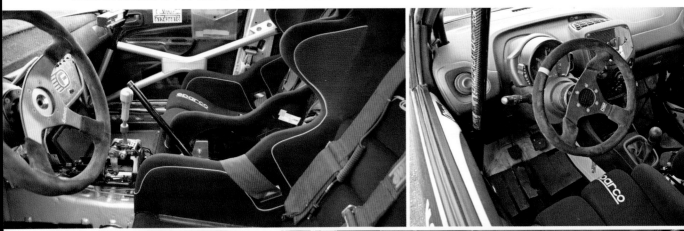

　　仪表板是民用车辆很重要的组件，涂装时要特别留意。有些模型制作完后，并非所有仪表板都完整地清晰可见。它们可能被遮挡，也可能透过前挡风玻璃根本就看不到。大部分套件中的仪表板部分通常放在前几步，以便使我们花费更多时间和精力来制作；另一方面，或许是由于我们开车时总是直面仪表板，它成为我们无法忽视的一部分，即使再小的细节也不能错过，这种感觉就好像我们在驾驶自己的模型一样。

　　由于构成车身内部的材料多种多样，所以我们必须使用不同的涂料和技法来表现。绝大部分模友在欣赏模型时都会希望一窥究竟，内饰、仪表板、座椅都是查看的重点，因此我们必须尽最大可能来提升其细节。

一、仪表及仪表板

这几年出品的车模套件中，仪表板往往十分精美，甚至还有添加菲林、水贴、蚀刻片等用以提升细节。不过年代久远的套件中，仪表板一般都刻画得不好，因此我们就要依据现实、发挥想象来添加细节。

仪表板的大多数组件，例如车速表、转速表和其他部分的处理，都可以利用先将塑料件打磨平整，再贴上贴纸的方法来实现。

首先，贴上遮盖带，描下仪表盘盘面的轮廓。

其次，下载清晰的仪表盘图片，实车上的图片也可以。

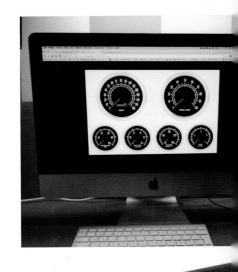

图片选择好以后，用编辑软件将图片处理成比例合适的大小。

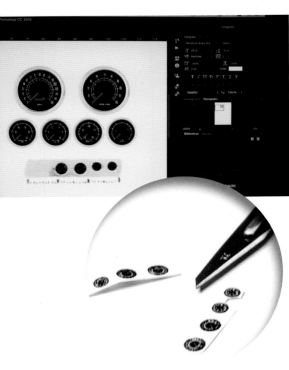

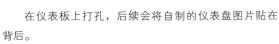

在仪表板上打孔，后续会将自制的仪表盘图片贴在背后。

将打印的高分辨率仪表盘用胶水粘在仪表板后，用蓝丁胶固定也可以。

最后，在刻度盘表面滴上一点罩光漆或轻薄透明溶媒液。

二、汽车内饰涂装技巧

勾勒轮廓

仪表板或座椅可以用渗线来进行处理，也就是用深色涂料沿着平面之间的缝隙走一遍，从而营造立体感，用这种简单的技法来刻画内饰可以有效地增强对比。建议先整体涂上半光泽漆，然后再用油画颜料进行勾勒。

几分钟后待油画颜料干燥后，用蘸了稀释剂的笔刷擦除多余的颜料。我们要耐心地一条条勾勒这些展现结构的线条。该技法和我们后续要介绍的喷涂提亮法有异曲同工之妙。

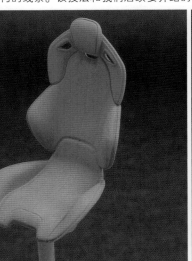
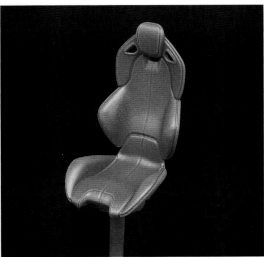
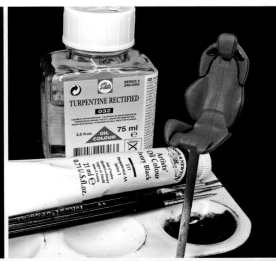

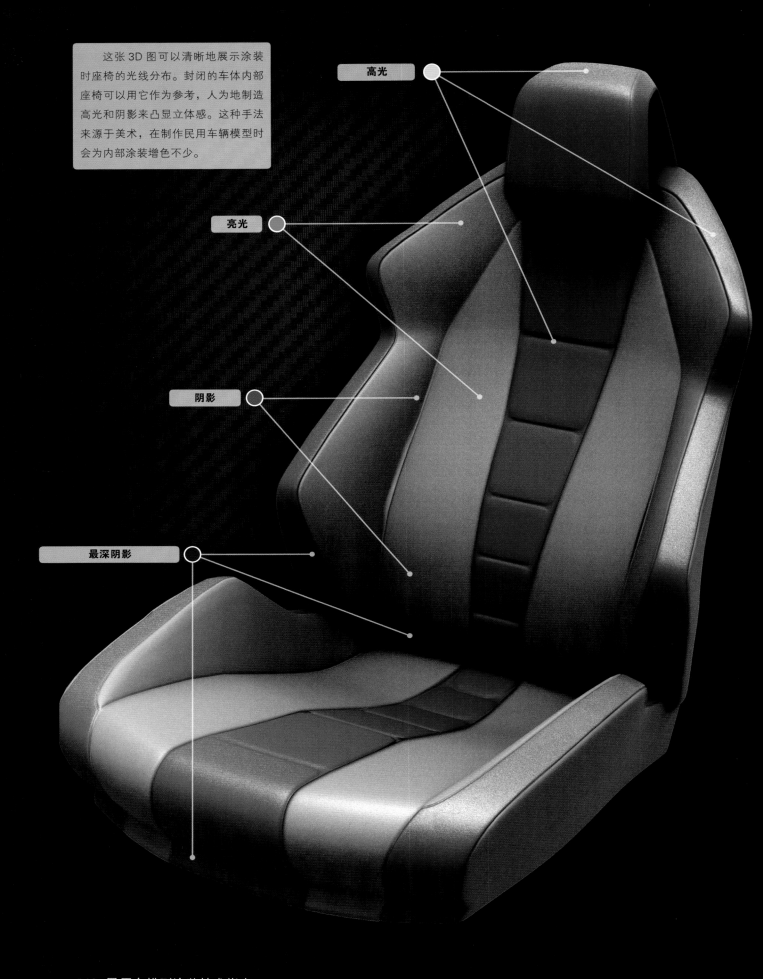

这张 3D 图可以清晰地展示涂装时座椅的光线分布。封闭的车体内部座椅可以用它作为参考，人为地制造高光和阴影来凸显立体感。这种手法来源于美术，在制作民用车辆模型时会为内部涂装增色不少。

高光

亮光

阴影

最深阴影

喷涂提亮法

如果要做出微妙且真实的效果，喷笔是最有用的工具之一。当然，大家也可以用细笔来诠释，但技法要求很高，对大部分模友来说难了一点。首先，我们用喷笔加深凹陷部分的颜色，从而改变颜色的过渡，就像光线照射物体时候的光影过渡一样。这种做法又被称作"预置阴影"，我们可以运用在各种底色上。这个技法很适合用在一些几乎被车身遮盖住的阴影部位。

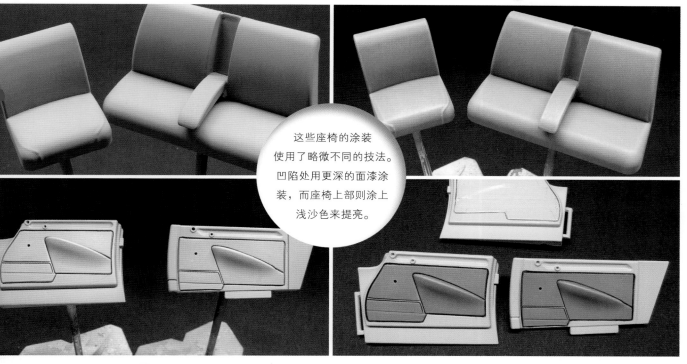

这些座椅的涂装使用了略微不同的技法。凹陷处用更深的面漆涂装，而座椅上部则涂上浅沙色来提亮。

渗线

要说清楚渍洗和渗线的区别，可以另外长篇大论地写一大篇文章了。当物体受光线照射时，一定会产生高光或阴影区域，使我们感觉到强烈的体积感。这就要求我们这些模型爱好者必须使用更多的技巧，给模型赋予真实的效果。不过，经常有作品由于比例过小的缘故失去立体感。简而言之，渗线是为了增强零件的深度感，而不是渍洗那样，改变整体色调的旧化效果。渗线在制作车体内部时尤其重要，因为车身和底盘结合后，车内光线变弱，所以我们就要人为地做出更夸张的明暗对比。若要在车身上使用渗线技巧，则需要做到恰到好处。

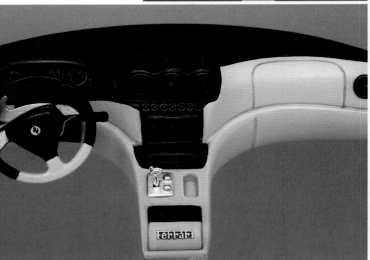 

敞篷车是展示内饰涂
装的最佳平台。

喷笔能为内饰添加微妙的高光和阴影效果,而多种技法的综合使用才能为内饰营造丰富的外观。
在内饰受光较多的部位喷涂较浅的色调,然后在浅色部位用细笔进行渗线。

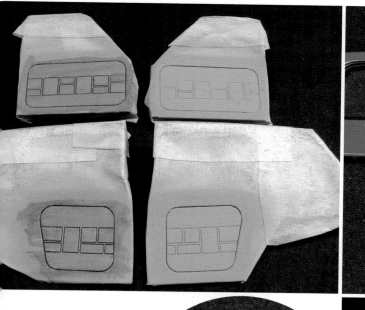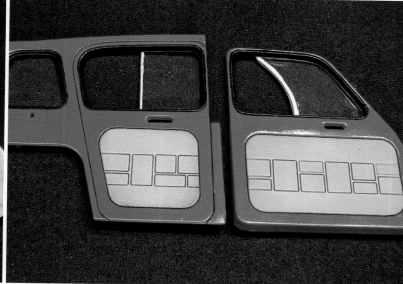

内饰由两种面漆涂装,靠近两边车门的地方是受光较多的部位,涂装时应该重点强调。

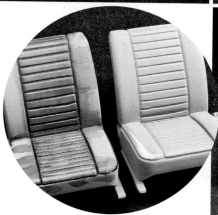

1. 透明漆提亮法

　　另一种提亮内饰的方法就是所谓的透明漆提亮法。它的原理就是使用不同光泽的透明漆,利用亮光和哑光的反差来区分光线和零件的质感。

　　下面我们选择黑色来讲解这种技法。为了提升内饰的细节,我们先整体喷涂一层深色的底漆。这里用的是 AK Interactive 出品的黑色水补土(AK 178),这种颜色实际并非全黑,而是非常深的灰色。

　　座椅的缝隙用较细的黑色马克笔加深,从而形成些许的对比,然后薄喷一层消光透明漆。接下来,为了仿制皮革效果,再次薄涂一层半光泽透明漆。最后再在某些局部笔涂超级光油,这样内饰部分的光线效果营造就和实物非常接近了。

该图的内饰也为黑色。这次我们可以用少量橡胶色调（胎黑色）来喷高光部分，然后润色使两种色调过渡自然。

图中仪表板的黑色和内饰的皮革黑相得益彰，色调既相同又有所区别，金属色调在黑色的衬托下显得更为亮眼。这部分部件不旧化效果更好。

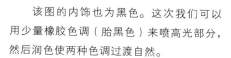

用银色来作为高光提亮黑色可以很好地抓住观众眼球。

这种技法操作起来并不复杂，我们用到的只有这么几种涂料。

2. 座椅

如果外形不准确，我们就无法按照涂装内饰的方法来表现真实的座椅效果。我们既可以直接在塑料件上雕刻外形（后续我们会具体讲到），也可以使用补土或胶泥塑形，使座椅和内饰结合得更加完美。经过这些改造，就可以制作出富有个性化的车身内部结构。

接下来，我们就来看看如何用补土塑出想要的座椅造型。

座椅的形状正确，但表面的纹路和实车不同。

实车图片。

用圆柱形的辊子碾开补土球，就好像擀饺子皮一样。

用 Milliput 来进行加工（国内的玩家可以使用 AB 补土来代替）。

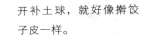

用工具刀切下所需的形状。

在补土上刻画出网状图案后，放上座椅模板。

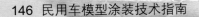

沾水作业，将座椅放上去。

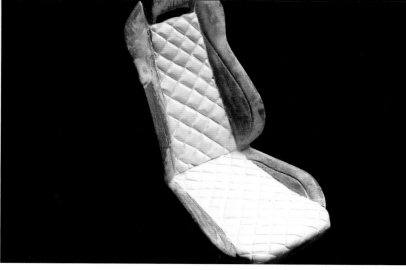

静置 24 小时干燥。

用 AB 补土填充后部座椅处。

干透后放置上座垫。

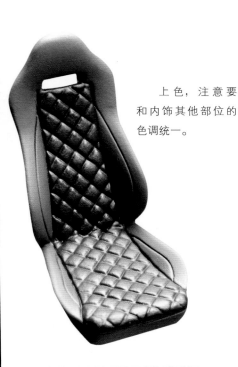

上色，注意要和内饰其他部位的色调统一。

另一种制作座椅的方法就是在塑料件上直接进行刻制。接下来会用到的皮革面贴纸是近年来逐渐热门的一种新选项。

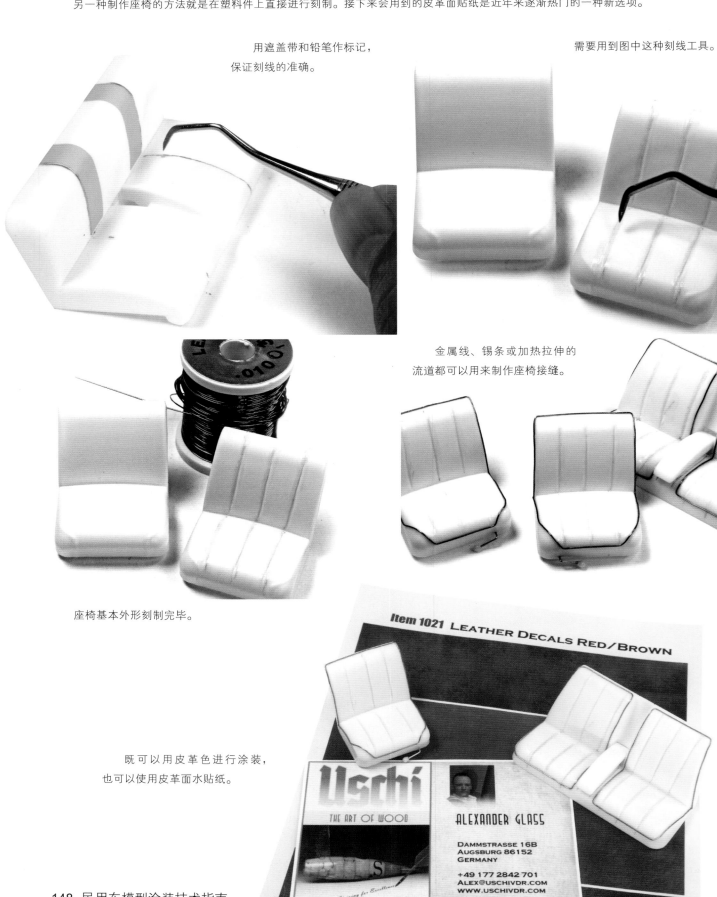

用遮盖带和铅笔作标记，
保证刻线的准确。

需要用到图中这种刻线工具。

金属线、锡条或加热拉伸的
流道都可以用来制作座椅接缝。

座椅基本外形刻制完毕。

既可以用皮革色进行涂装，
也可以使用皮革面水贴纸。

Item 1021 LEATHER DECALS RED/BROWN

Uschi
THE ART OF WOOD

ALEXANDER GLASS

DAMMSTRASSE 16B
AUGSBURG 86152
GERMANY

+49 177 2842 701
ALEX@USCHIVDR.COM
WWW.USCHIVDR.COM

Striving for Excellence

先整体涂上灰色作
为底色。

item 1021 LEATHER DECALS RED/BROWN

将皮革面水贴
贴合到位。

THE ART OF WOOD

ALEXANDER GLASS
DAMMSTRASSE 16B
AUGSBURG 86152
GERMANY

+49 177 2842 701
ALEX@USCHIVDR.COM
WWW.USCHIVDR.COM

为了表现废弃车辆的效
果，我们用旧化土和油画颜料
对这部分内部结构进行旧化。

3. 内饰的旧化

我们心里要预先清楚所制作的车辆类型，然后做出相应的内饰旧化。同时，我们也可以为车辆添加各种细节来提升精密感。事实上，模型本身就是我们表达艺术的一种方式，我们要将自己的想法通过模型传达出来。

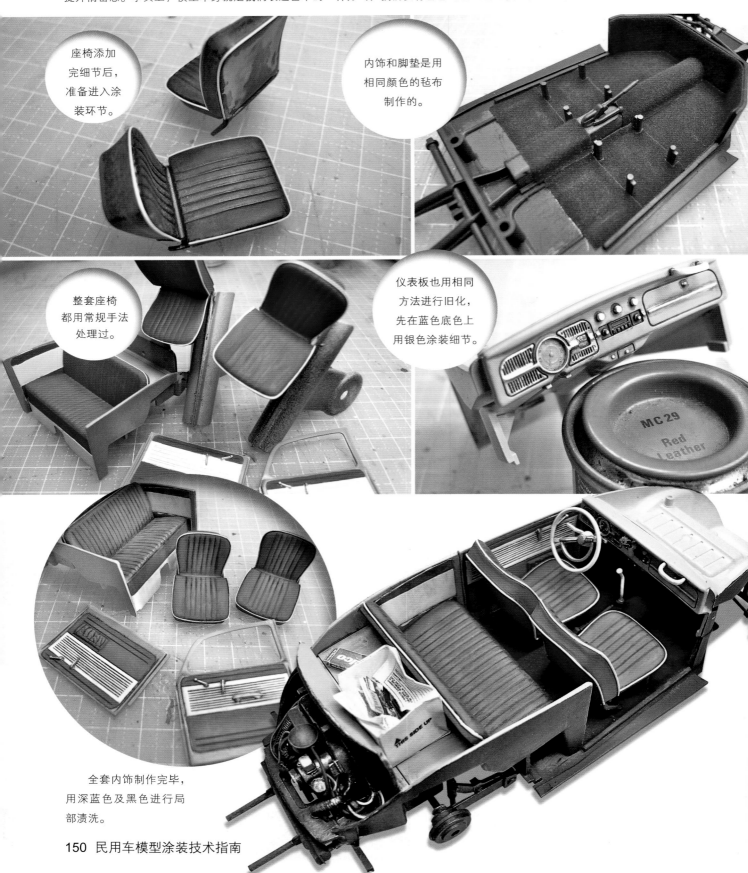

座椅添加完细节后，准备进入涂装环节。

内饰和脚垫是用相同颜色的毡布制作的。

整套座椅都用常规手法处理过。

仪表板也用相同方法进行旧化，先在蓝色底色上用银色涂装细节。

MC 29 Red Leather

全套内饰制作完毕，用深蓝色及黑色进行局部渍洗。

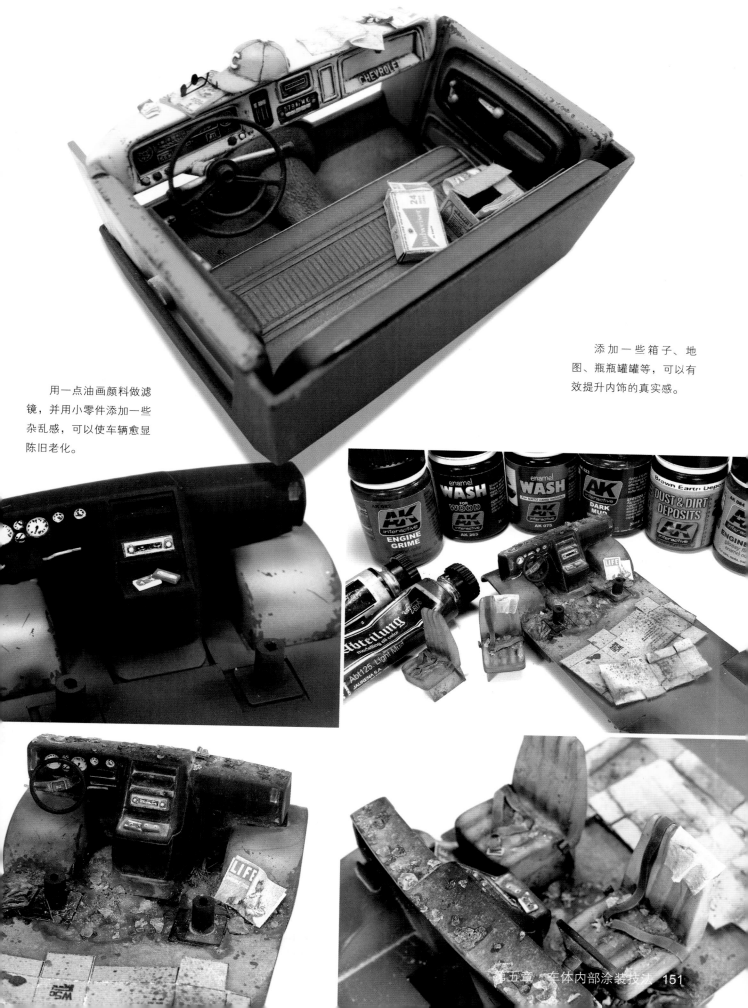

用一点油画颜料做滤镜，并用小零件添加一些杂乱感，可以使车辆愈显陈旧老化。

添加一些箱子、地图、瓶瓶罐罐等，可以有效提升内饰的真实感。

4. 内饰的绒面质感表现

最后不得不提的是内饰的绒面质感表现，这种效果推荐用在大比例模型上。所需的工具为筛子（过滤器）、细绒面粉和黏合剂。这种绒面粉不适合用珐琅漆旧化，所以我们转而使用旧化土来进行后续处理。

这是一台1:24的卡车驾驶舱内部结构的分件图。先喷涂需要粘上绒面粉的部分，后续粘好绒面粉后，干透前千万不要用手去碰触。

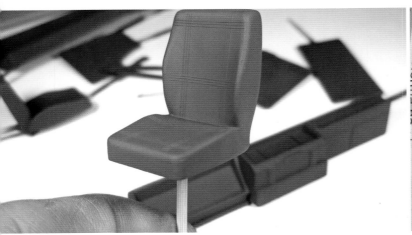

喷涂座椅使其具有更好的附着力，颜色的选择要和绒面粉相同。

绒面粉和滤网。

这个步骤需要十足的耐心：用白乳胶在零件表面粘满绒面粉。

整套内饰都处理好，干燥后就可以触碰零件了。由于绒面粉是预着色的产品，因此做到这个步骤就可以告一段落了，无须再进行上色。

我们还可以为驾驶室增添各种细节。

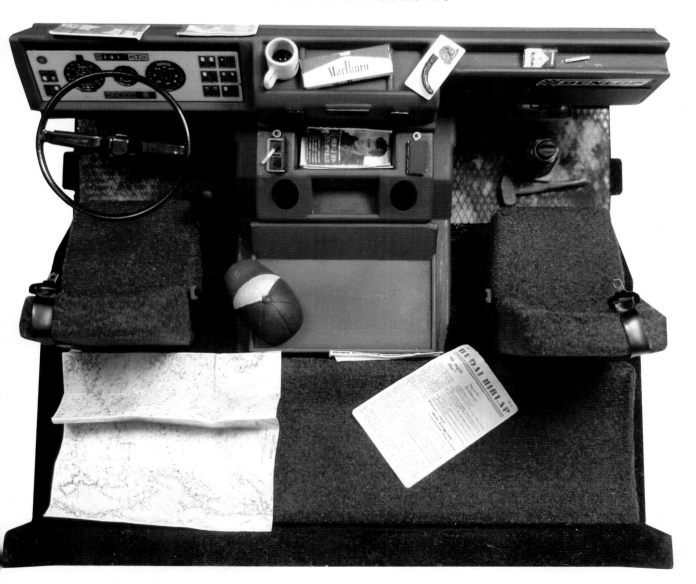

三、安全带

　　许多民用车套件在出厂时并未提供安全带组件。要么完全没有，要么只有简单的水贴纸，要么直接开模在塑料座椅上。面对这种情况，我们只能自制或用市售补品进行制作了。

　　赛车的安全带一般是固定在防滚架上。公路车则固定在底盘上，但是固定部分不容易看到。还原这部分可以有多种选择，用比例合适的锡条或布料，或者选购包含了张紧器和扣具的市售补品都可以。

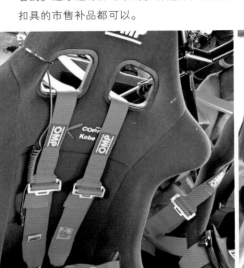

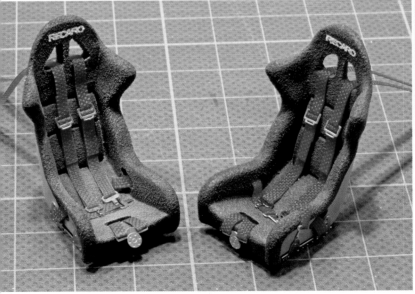

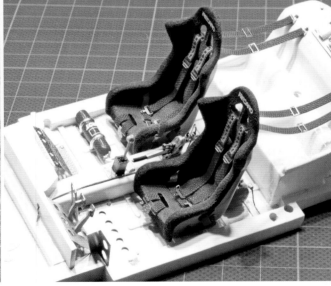

红色安全带和黑色座椅形成强烈反差，增添了视觉冲击力。

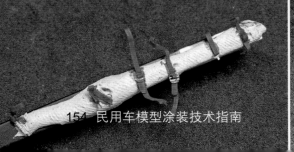

我们也可以使用市售的这种 MCG 安全带蚀刻片套件。此外，Model Car Garage 也出品过附有金属零件的织物带，可以选用。

锡、布料和带背胶的金属箔片可以很好地表现安全带上的不同部件，可堪一用。图中为 Tuner Model Factory 出品的套装，切割、操作和粘接都非常方便。

这些 1：43 车模的安全带是用锡条做成的。

安全带能够极大提升内饰的观感和细节。下图的范例是先在纸上进行裁剪，然后再上色并罩光。这些垫子可以先在电脑上进行编辑，然后再进行打印。

第六章

机械零件及底盘的涂装

一、发动机的涂装

涂装好的发动机效果十分抢眼。很多民用车辆，特别是摩托车类的模型，发动机是裸露在外的最重要组件之一。我们既可以制作崭新的效果，也可以做出掉漆、污渍等效果。其消光的质感会和车体及其余部分形成强烈的反差。

发动机集大成了多种材料、颜色、质感，因此涂装时要注意增强对比及趣味性。

1. 发动机的涂装技法

　　我们用渍洗来增强车辆或配件的色彩对比。这种技法的原理是在凹陷处增加阴影，使细节的周边更显暗淡，从而凸显高出零件表面的细节，进而形成对比。

　　渍洗的涂料选择并不困难，我们推荐使用 AK Interactive 的产品来处理，但大家也可以用自行调配的涂料。建议不要用水性漆，而用珐琅漆或稀释过的油画颜料布满零件表面的方式来处理。因为水的表面张力特性，容易很快干涸而不容易流遍细节周边，而珐琅漆干燥较慢，有充足的时间让我们慢慢修饰，从而获得满意的效果。渍洗技法非常适合凸显大面积上的细节，例如铆钉、发动机、底盘下部等。

　　渍洗还要考虑的另一个重要因素就是零件表面的质感。消光或多孔表面很容易吸附渍洗液中的颜色微粒，从而使整个表面一塌糊涂。渍洗用在半光泽面上最为理想，我们也可以先在半光泽面零件上渍洗，结束后再整体喷涂消光透明漆，这样既完成了渍洗又做出了消光的表面效果。

　　这道工序和滤镜正好相反，滤镜更适合用在粗糙的表面（消光表面）上，其原理是通过添加微妙的色泽，从而改变颜料的整体色调。因为民用车上的滤镜效果比较特殊，下一章节我们才会具体谈到。

　　这里分享一个小技巧。将需要特别光泽效果的金属零件浸入轻薄透明溶媒液光泽强化剂内，取出后晾干即可获得真实的金属效果。

2. 摩托车发动机

下面我们来看看如何利用一些小技巧来增添摩托车发动机的机械感和真实性。零件上的不同色调会赋予更多真实感，成品的效果足以完全消除原件的塑料感。

我们可以使用轻薄溶媒液光泽涂层来作为填充剂使用。通常我们将不同颜色的零件分开上色，然后再组合到一起。由于已经上好颜色，后续就没办法再用补土补缝了。这时候，由于轻薄溶媒液光泽涂层的高浓度和透明特性，它能够不留痕迹地用来填补在接合处。

深棕色颜料很适合用来勾勒出高光细节。将它调稀后涂在光泽金属表面就可以改变金属的整体色泽，从而增加颜色对比。

金属漆的表面很适合用油画颜料来进行旧化，从而凸显细节。将棕色油画颜料涂在各细节周边，颜料会沉淀并布满细节周围的凹陷处。AK 出品的超级金属漆系列的强度足够，应付后续的油画颜料和珐琅漆旧化绰绰有余。不过如果还是心里不够踏实，我们也可以预先喷涂轻薄溶媒液光泽涂层再进行旧化。

这个步骤准备两支画笔就足够了：一支用来涂抹，另一支擦拭多余的颜料。如果有条件，也可以用化妆用的笔刷来干扫出干燥机油效果并擦除多余颜料。基础色选用深棕色，但在机油堆积的地方则可以用黑色来处理。

最后，在藏污纳垢的地方，例如各种角落、凹陷及油槽下方用黑色或棕色旧化土增添脏污效果，这样就能做出油污和灰尘混合的肮脏外观了。

薄喷光泽罩光漆可以做出机油和流动液体的感觉。

最后一步是做出喷溅效果。建议大家用多种不同的颜色和透明度的涂料来进行多次喷溅，效果才会更好。

3. 轿车发动机

制作发动机，一般先从缸体、气缸盖、壳体、水泵、摇杆盖及化油器或喷油系统开始。通常这几部分喷涂的颜色都是一样的，但我们可以将它们处理得更加生动。摇杆盖、喷嘴盖及化油器或喷油系统可以涂成铬银色、铝色、黑色等，另外金属材质涂装零件通常还要做进一步的修饰。先将这些部件分别上色，然后喷涂水性罩光漆，方便后续用珐琅漆旧化。由于金属漆中含金属颗粒的缘故，记得使用我们之前章节推荐的喷涂方法。

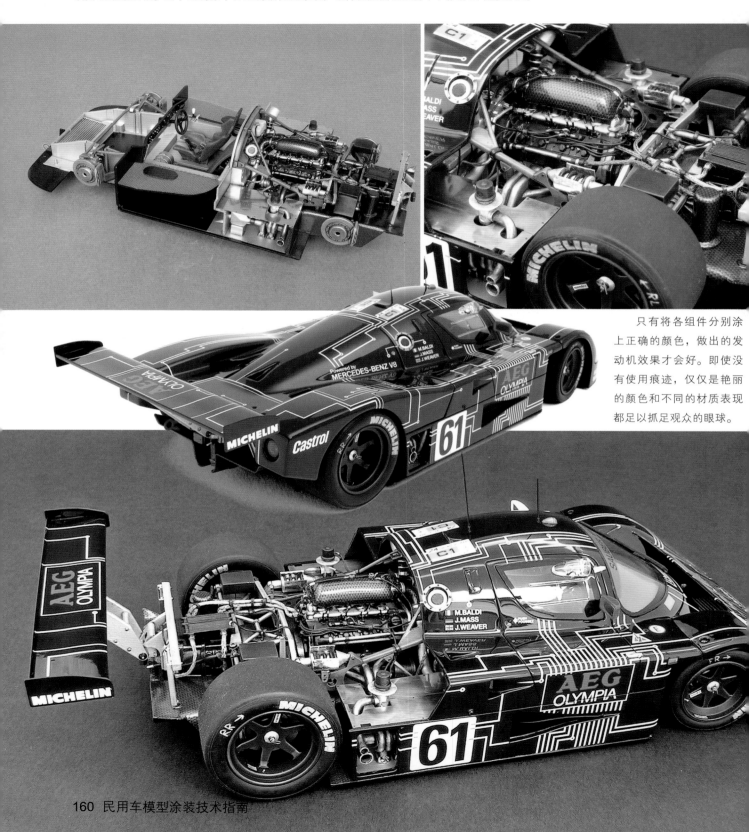

只有将各组件分别涂上正确的颜色，做出的发动机效果才会好。即使没有使用痕迹，仅仅是艳丽的颜色和不同的材质表现都足以抓足观众的眼球。

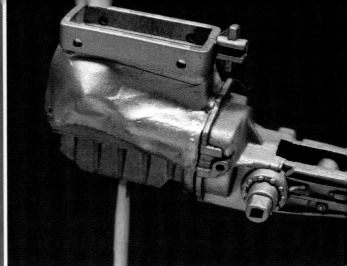

用绿色涂装这台雪铁龙的发动机。

遮盖后喷涂金属漆。

将各部件粘好后轻微旧化，准备将其安装在发动机舱内。

这台雪铁龙轿车只在原件基础上做了
细微改造，成品效果也是不错的。

这台甲壳虫的发动机和之前的雪铁龙不同，准备旧化得重一些。发动机舱先用油画颜料旧化。

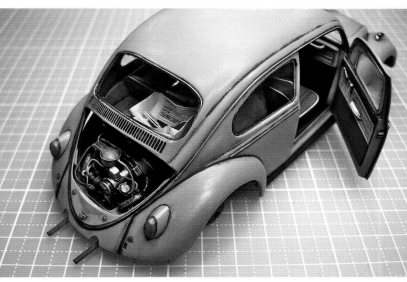

只添加了一些金属丝和管线就能让外观有很大的提升，一套好板件并不需要花费太多时间在改造上。随意添加一些机油和润滑油的污痕就能让模型看起来更加出彩。

车体表面几乎都做了消光处理，其余的机械部件在涂装时也要注意和车身的色调相统一，不要过于突兀。

4. 卡车发动机

请大家仔细审视一下同样的发动机崭新的状态和常用状态的差异，我们要先决定选择哪种状态来制作。

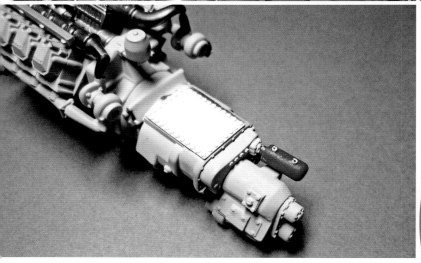

发动机添加完所有细节后，一定要第一时间安装在车架上，以免后续的涂装出现问题。事先要决定好颜色并分别涂装，避免出错。如有条件，建议大家尽量多参考实物图片来制作。

其余部位也涂上颜色，就可以正式安装了。这次我选用了蓝色来作为发动机的主体色。

先将发动机部分涂成红色并旧化。

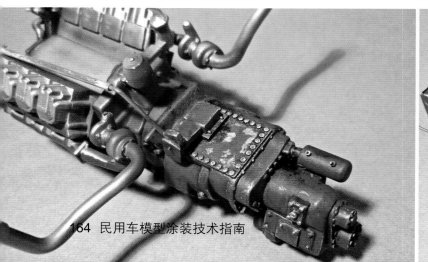

涂装后的
效果令人满意。

发动机也要进行旧化，注
意和车辆的其余部分融于一体，
这样才能提高整体的真实性。

二、排气管的涂装

　　排气管是发动机的一部分，是用来排出燃烧尾气的管道。为了表现其历经高温尾气的长期烧灼效果，我们应该单独上色。

　　如果凑近看摩托车或新汽车的排气管，我们会发现表层的金属色闪亮且簇新，但如果是旧车的排气管，外观就会由于长期高温烧灼显得非常陈旧，而且布满烟灰。

将细条遮盖胶带如图环绕在排气管上以增加细节。

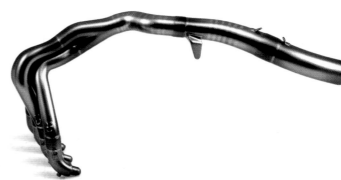

喷涂蓝、红、绿及烟熏色来模拟排气管灼烧过的效果。

蓝色部分在零件组合前上色，这是因为如果组装完成后会给上色增添很大难度。

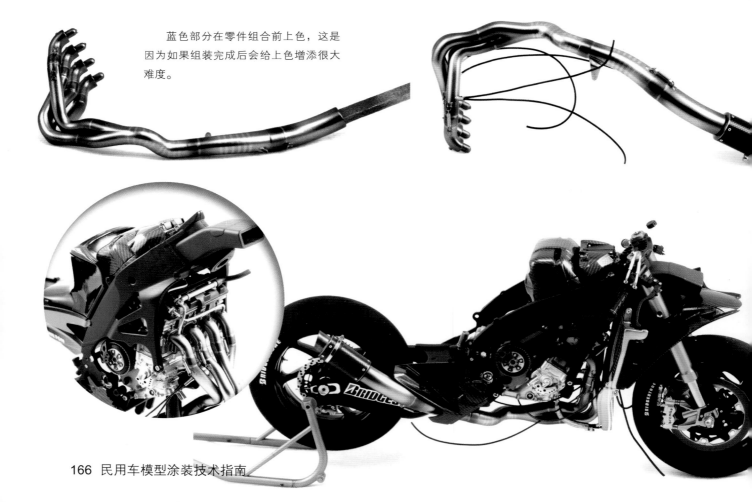

有时候，排气管要涂装成深金属色，我们可以用旧化土来处理。

将黄铜弯曲成型并焊接，做出排气管头部，然后将多余的部分打磨并抛光，做出顺滑的外形。这部分组件采用多种金属色涂装，深铜色、铁色及较黑的阴影色都有用到。

深色金属的排气管实物。

三、散热器格栅及金属网的涂装

　　这类金属网状部位通常覆盖了车体的一大部分面积，由于这部分往往较为纤细且包含不少细节，因此对模型厂商是个很大的考验。如果运气好，厂商会有较好的开模；如果运气不好，那我们只好购买市售补品来用。如果没有量身定制的零件，就只能用其他模型的类似产品来进行改造，所幸完成后的效果还是值得我们努力的。

　　金属网一般都布满小孔。如果是小比例模型，涂料过浓的话很容易堵住网眼，看起来就好像一块一塌糊涂的零件。首先要确认下网状零件是否和车体契合完美，而后续的制作则要尽可能避免对其进行涂装。

如同车辆的其他部分一样，许多厂商都有生产金属网通用改件，而且还有不同的尺寸粗细可供选择，材质有纤维、塑料、蚀刻片等。

许多厂商还会为自身产品生产配套蚀刻片金属网，比如图中的田宫补品，它们往往都能和对应的套件完美契合且操作方便。

金属网的外形和网眼种类多种多样。若条件允许，蚀刻片仍是首选。

自制金属网零件

接下来我们来看看如何让金属网与道奇发动机盖上的自制零件相契合。由于买不到市售套件，只能够完全自制。安装并涂装完成后，效果要能媲美厂家的配套产品。

下面就来看看如何把金属网与靠近挡风玻璃的进气口组装在一起。

自制金属网零件的另一个范例——雪铁龙2CV轿车。

编织网不仅价格低廉而且网眼细密，推荐大家使用。

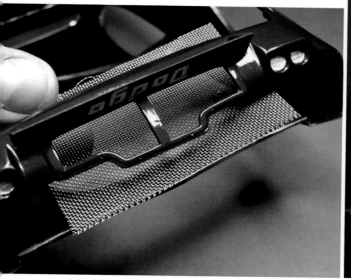

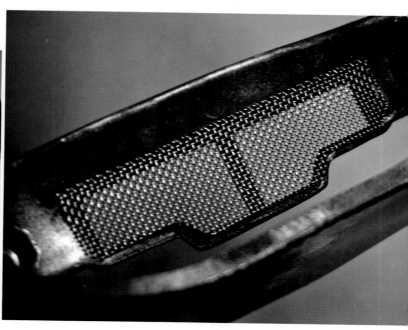

弯曲编织网并从内部将其粘上车头部分，注意保持水平，网眼才不至于歪斜。

将编织网按照车身开口大一圈的范围裁下，方便后续的黏合。

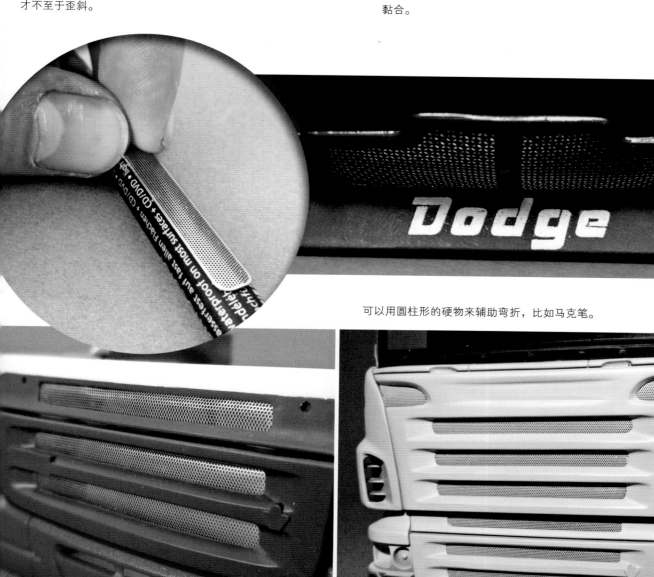

可以用圆柱形的硬物来辅助弯折，比如马克笔。

四、底盘的涂装

底盘和车体不同，它应该被归类成一种内部结构，用来支撑车辆并塑造其基本架构，类似动物的骨骼。这个框架既包括发动机，也包括车轮或车身的悬架。这部分结构最靠近地表，因此它不会像车身或内饰那么显眼。我们在制作时，要考虑尘土的积聚和磨损等疏于保养的效果。

这部分组件处于车辆较为隐蔽的地方，但这并不意味着我们可以忽视它们的涂装和旧化。

底盘制作并无统一的标准，轿车、卡车、摩托车、拉力赛车各不相同。当然，不同的地形也会形成底盘的不同外观。

有许多因素会直接影响车辆的最终外观，我们应该仔细思考并分析。下面我们就来看看如何使用简便的方法，仅使用旧化土来做出新旧两种车辆的效果。老规矩，实物图片仍是我们的第一手资料。

车体下部及底盘统一涂抹上深锈色渍洗液。

蘸取几种不同的旧化土随意点涂。

用溶剂固定旧化土。

用干燥的软笔刷柔和过渡。

用 AK 的尘土沉积效果液进行第二遍渍洗，以增加对比。

用油画颜料做出液体和油料的渗漏效果。

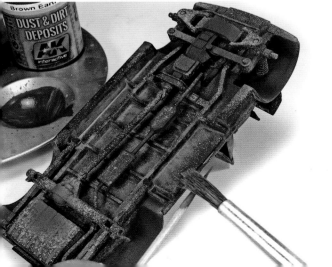

有些套件的发动机是和底盘开在一起的，处理起来不容易，这时我们就需要进行遮盖。

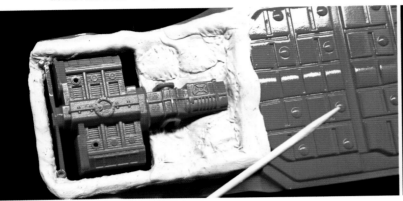

用蓝丁胶遮盖发动机周边位置。

用纸巾遮盖车体的其他部位。

发动机按照前面几章提过的方式进行旧化。

完工后效果很好，看起来就像一台独立的发动机。

卡车的底盘和轿车作用类似，但由于外形及与车体结合方式的不同，灰尘对卡车底盘的作用方式和轿车不同。

首先将底盘整体喷涂红色，稍微做点偏差色作过渡就够了。

在整个底盘表面合理地涂布雨痕和灰尘积聚效果以增强颜色对比。

用油画颜料和旧化土进行旧化。

调制旧化土、油画颜料以及稀释剂的混合物，用一支牙签弹拨蘸了混合液体的旧笔刷，做出喷溅效果。

最后，在发动机上添加油污效果。

车架对于摩托车相当于卡车的底盘。这几张图展现的是一台陈旧的摩托车架，但并非属于废弃车辆，而是历经使用的车辆。它可能被随意地丢在车库的某个角落，主人疏于保养而经常使用。这种涂装方式适合任何一种黑色的部件，风尘仆仆但却并非废弃状态。

首先整体喷涂水性半光泽透明漆，这样便可以消除大部分光泽。

然后将稀释过的灰尘色涂在车架的缝隙及凹陷处。再将灰尘色混入一点棕色不规则涂上并进行润色，使过渡自然。干透后用蘸了稀释剂的画笔或化妆笔进行修饰。

车架下部会沾染更多尘土，这部分效果可以用灰尘沉积效果液来制作，干透后的外观和旧化土类似。

用石墨铅笔画出金属的刮擦和掉漆效果。工夫到家的话，用银色马克笔也行。

摇臂和后挡泥板也按照车架的方式进行处理。这些部位都暴露在尘土中，溅满水、土、油，最终在较少碰触的地方堆积起污垢。最后，用浅泥土色油画颜料做出喷溅效果。AK的雨痕效果液用在这里很合适。

第七章
车身涂装技法

本章将要讲解如何涂装底色，下一章则着眼于模型的表面处理。底色是在主色涂装之前整体涂上的一层颜料，它并不是底漆补土。底漆补土自有其特殊的作用，我们会另设章节讲到。这部分的重点并不在于颜色本身，而在于上色的方法和过程。

民用车模使用的涂料

（1）珐琅漆

珐琅漆也是一种油性涂料，最典型的产品就是许多玩家刚刚接触模型时使用的英国亨宝漆。而田宫和铁士达（Testors）则须用厂家特制的稀释剂调配后才能进行喷涂。不同厂家的产品干燥时间不同，但通常需要几个小时才能彻底干燥，干透后可以抛光。不过要取得最好的效果，一般要等上几天，等漆膜完全硬化了再进行。抛光也要用专业产品才可以。

＊注：矛盾的是，田宫珐琅漆是唯一一种不能抛光的漆膜，即使用自家的抛光系列产品也不行，涂料会和抛光膏反应并脱落。

（2）单层漆法（1k）

这类涂料也被称作"自光漆"，它们在汽车工业中有专业的应用，一般需要和硬化剂或催化剂以及稀释剂来配合使用。如同珐琅漆一样，它们也可以抛光，不用罩光漆（光油）也可以得到闪亮的光泽效果。当然，一定要等到它们彻底干燥了才能抛光，干燥时间视厂家产品不同而定。

＊注：漆膜摸上去像是干燥了，并不意味着它已经完全干燥了。任何类型的涂料要干燥，涂装后等待 48 小时是最基本的要求。

（3）双层漆法（2k）

这类涂料都需要稀释剂或水性漆为主，完工后一般都得再上一层罩光漆膜，这就是为什么被称为双层漆的缘故。这类涂料在汽车工业作为专用漆已经有很长一段时间了，这几年才逐渐在模型圈里热火起来，被用来涂装民用车模。它们不需要硬化剂。

这类稀释剂型涂料以 Zero Paints 和 Gravity Color 为主，它们最大的优势是干燥时间短，附着力也更好；缺点是易污染，毒性大，对个人和环境的伤害都比较大。

目前欧盟的规定是，汽车厂商不可以使用这种漆，但修车店和喷漆车间等不在禁止的行列。一些维修作坊和特殊商店仍然在售。

根据环境保护条例的规定，汽车制造商只能使用水性双分子层涂料。任何一台离开装配车间的车辆都必须遵照规定。当然，并非所有的国家都有这条规定。

虽然各厂商都有生产自己的专用稀释剂，但水性漆可以用蒸馏水（纯净水）稀释，稀释剂型的涂料则需要特制稀释剂或汽车专用产品来稀释。

请大家注意，水基的模型专用亚克力漆，例如田宫、郡士、Vallejo、AK、Andrea 等，喷涂后的颜色都非常鲜艳，发色自然。当然也可以再次进行罩光，达到更完美的效果。

涂装准备及正式涂装	涂装过程及要点

喷涂前
应将零件表面彻底清洗

清洗（去油）
用脱脂剂（肥皂水）清洗零件上的油脂，注意别伤及零件本身。

注：AK 的 White Spirit 最适合清洗零件。

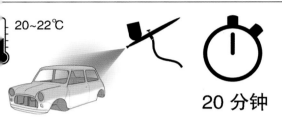

20~22℃

20 分钟

底漆补土
按厂家的说明涂底漆补土，静待 20 分钟使其完全干燥。

注：建议使用 AK 灰色底漆补土，无须添加稀释剂，用 2 巴的压强喷涂即可。

喷笔和模型表面保持 20 厘米距离
20 厘米

喷涂前
应将零件表面彻底清洗

清洗（去油）
用脱脂剂（肥皂水）清洗零件上的油脂，注意别伤及零件本身。

注：AK 的 White Spirit 最适合清洗零件。

20~22℃

5 分钟

底漆
喷涂一层极薄的漆膜，避免漆体在零件表面流动。

注：2 巴压强，喷笔和零件距离 20 厘米，操作温度 20~22℃。

喷笔和模型表面保持 20 厘米距离
20 厘米

20~22℃

20 分钟

中涂层
喷涂一层较厚的漆膜，慢慢移动喷笔，起笔和收笔应在零件之外。

注：2 巴压强，喷笔和零件距离 20 厘米，操作温度 20~22℃。

喷笔和模型表面保持 20 厘米距离
20 厘米

20~22℃

24~48小时

面漆
喷涂一层较薄的漆膜，完成表面工作并修正细节。

注：2 巴，喷笔和零件距离 20 厘米，操作温度 20~22℃。

喷笔和模型表面保持 20 厘米距离
20 厘米

重要提示：
无论单层漆法还是双层漆法，我们都必须注意不同漆层之间的干燥时间，每次新一轮喷涂都要等之前的漆膜完全干燥才可以进行下一步。如果不遵守这一规则，之前一层漆膜会渗出新喷涂的漆膜，将漆膜搞得一团糟，这就不好收拾了。

一、车身的涂装

底漆补土（水补土）

零件打磨假组后，整体喷涂底漆补土。该步骤需喷涂两层，它能帮助我们发现瑕疵，修正错误。

对于原色较浅的零件，灰色水补土最适合用于检查瑕疵。

干透后小心地打磨。如有需要，用海绵打磨块或细目砂纸最好。

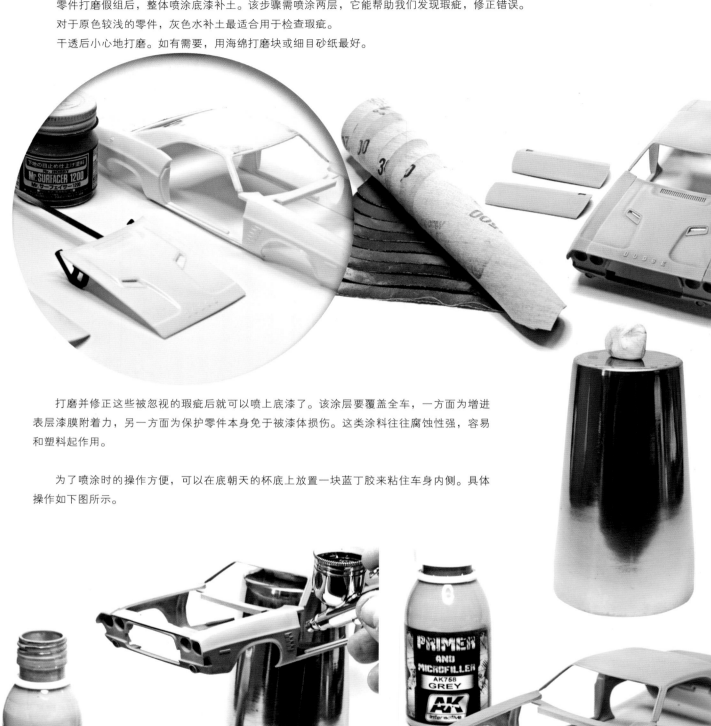

打磨并修正这些被忽视的瑕疵后就可以喷上底漆了。该涂层要覆盖全车，一方面为增进表层漆膜附着力，另一方面为保护零件本身免于被漆体损伤。这类涂料往往腐蚀性强，容易和塑料起作用。

为了喷涂时的操作方便，可以在底朝天的杯底上放置一块蓝丁胶来粘住车身内侧。具体操作如下图所示。

　　我们打算用 Zero Paints 的 1300 号水星银来涂装该车。为了使这种特别的银色发色更好，我们建议大家要在黑色底色上进行喷涂。先上一层黑色底漆补土，然后再上一层 Zero Paints 的黑色，干透后将前后某些部位进行遮盖，这些地方最后要涂成消光黑色。

　　这个步骤的重点其实不在于涂料的色泽，而在于喷笔的正确握持、压力的大小和涂料的合适浓度。喷涂时，切记秉承少量多次的原则，多次薄喷而非一蹴而就。如果图快，很容易出现出漆不良、光泽度不正确、涂料过多导致的掩盖细节。正确的喷涂还能保证漆膜的干燥时间缩短，但无论怎么缩短，我们还是要清楚涂料干燥所需的最短时间为 48 小时。如果喷多了，千万不要硬着头皮往下进行，或者想再多喷点而掩盖缺陷，这是很不明智的。涂装时若条件允许，应让零件保持水平，从而让漆体最大限度地扩散开来，干透后再进行打磨抛光。如果碰上橘皮现象，也就是漆膜表面凹凸不平，那就只能打磨后再重新开始。但打磨时也要注意，橘皮的特点是漆膜厚薄不均，过薄的部分可能会因为打磨太多从而露出底漆，这样又要从头再来了。本书的另一章节还会详细描述打磨及修正错误的技巧。

　　总之有一条原则：无论在模型上喷涂底漆、面漆或罩光漆，最重要的是要仔细检查零件，时刻注意杜绝任何附着在表面的粉尘、纤维或微粒，都要用蘸取去污剂（建议用稀释的肥皂水）的软布仔细擦除。擦除后如果还是有顽固的污渍附着无法彻底清洁，可以用针尖或镊子的尖端将其挑离，或用蘸了少量稀释剂的笔刷进行擦除也可以。当然，稀释剂的使用要万分小心，千万不可过量，以免破坏漆膜表面。

　　在无尘条件下将最后一层面漆完美地喷涂后，可以将模型罩在防尘罩、塑料盒或与外界隔离的地方等待干燥。放置几天后，漆膜已坚固稳定，这时就可以进一步检查是否完美了。如果没问题，就可以用田宫打磨膏或者其他品牌的同类产品进行打磨，当然，用汽车专用的打磨产品也行。不过，打磨产品往往含硅，如果后续发现漆膜表面还需修饰或重涂，则会造成困扰。解决方案也不难，只要打磨后整体用肥皂水清洗就可以了，如有必要，再用去油的液体小心擦拭，最后再进行修补即可。

　　如果有条件，在金属漆喷涂完后可以将零件放在恒温箱内。较高的温度一方面可以提升漆膜的干燥速度，另一方面也能有效杜绝橘皮现象，使漆面光亮如新。也有很多模友用吹风机来加热刚喷涂完的模型，这个方法也很好。

如果模型的面漆颜色较为亮丽，建议用白色作为底色，这样表层涂料的发色会更鲜艳。若面漆为金属色，则推荐深灰色或黑色。不建议使用其他颜色的底漆。

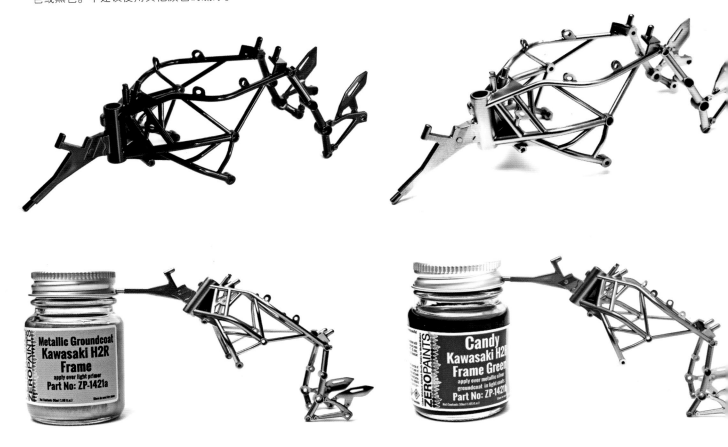

车体涂装由于其特性，过程复杂且需要十二分的耐心和细心。由于车身是车模中最重要的组成部分，所以我们必须花费最大的精力来处理，不容有错。

贴上水贴纸并整体喷涂罩光漆以统一光泽。

若车表为分色涂装，应先喷涂浅色，干透后进行遮盖，然后再喷涂深色并上水贴，最后整体罩光并打磨上蜡即告完工。

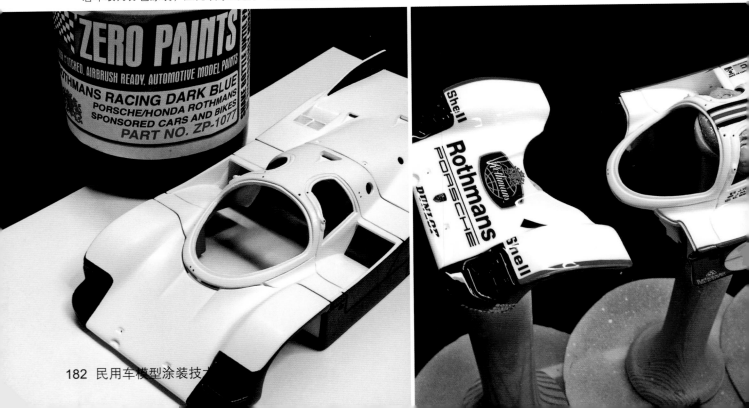

如果要用喷罐来喷涂车身，应先稍微加热罐体。先将喷罐放置在 25~30℃ 的温水中几分钟，再充分摇匀几分钟，然后垂直模型表面进行连续均匀的喷涂。

使用喷罐时，有两点和喷笔类似，需要特别注意：

（1）持罐的手不能停，要不断移动。

（2）按住喷罐按钮的手指要间断地松开，喷涂时不要长按，以免涂料堆积。具体过程如下：将喷罐或喷笔备好后，将模型放置在我们面前，将喷口对准模型以外的地方开始按下按钮。然后手持喷罐或喷笔匀速直线移动，直到移开模型时再将按钮松开。重复以上步骤，直至喷涂完毕。

建议大家喷涂时将模型固定在一个方便握持的器具上，方便模型的旋转移动，确保每个角度都受漆均匀。这样才能彻底解放双手，方便操作且兼顾各个角度。

喷涂中最常见的错误就是一蹴而就，希望一次喷涂就能完成，这么做的结果往往不好。我们必须保持耐心，按部就班地逐步进行。最低的要求是薄喷三层，之间间隔最少 20 分钟，待上一层干透后再开始下一层作业。由于涂层非常稀薄，最后到底应该喷涂几层往往取决于涂料的遮盖力。有些涂料三层就够了，但另外一些涂料，特别是金属漆，需要更多层次才会出效果。这就意味着这类涂料往往依赖于其中所含金属微粒的多层重叠，漆膜的色泽才能完美。因此，有些特定的金属色一定要喷涂足够层次。而金属色车模最终效果不如意，很有可能就是漆层太少的缘故。

一般喷涂采用三段法即可，具体操作如下：

第一层 底漆

这层漆膜较薄，几乎呈半透明状，它的作用是为上面的漆膜打好基础。由于较薄，如果在 20~22℃ 左右的气温下工作，大概需要五分钟就可干燥完毕，这是最基本的要求。大家还是要记住，间隔时间越长，干燥越彻底，做出的效果就越好。

第二层 间漆

这层漆膜较厚，要点是完全覆盖模型的每一个角落。但不要做得太过，以免积漆或过多，导致漆液垂流。

第三层 面漆

如果之前的漆膜效果完好，第三层面漆的作用只是稍微修饰润色而已。和之前步骤的操作方式和喷涂区域相同，面漆的最终目的是为了得到更加统一的表面和整体效果。

先喷涂汽车的面板线和门窗线条。

小心地喷涂第一层漆膜，如果漆面不够亮，也不用着急，干透后可以打磨并修正瑕疵。

最后一层将车身喷出光泽效果。

范例 1

灰色底漆补土打底——喷涂银色——上水贴纸——喷涂亮光漆。

模型本体是利华出品的 2006 年蒙特卡洛赛道雪佛兰，贴纸用的是 Powerslide 的产品，以及 House of Kolor 出品的涂料。

车体需要进行一些小改造。后车厢上添加了更高的后扰流板，车门裙板下方也重新制作以贴近实车。改造部分使用了 0.15 毫米厚度的胶板，修形后将其粘接到位即可。

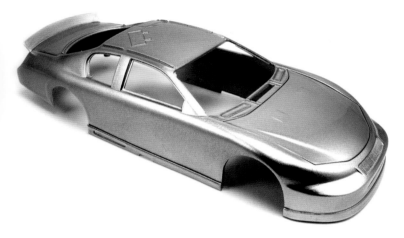

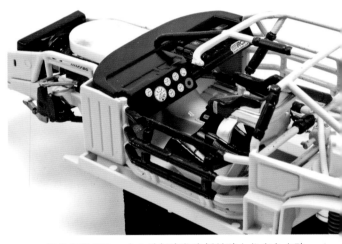

喷涂底漆补土后，车身整体再上一层底漆来检查瑕疵。这次使用了 House of Kolor 的猎户座银色，然后再喷涂两层光泽透明漆。

为了模拟赛道上的轮胎磨损效果，用较粗的打磨棒沿着胎纹打磨。轮胎贴纸为 Powerslide 出品并添加少许手涂标记。

底盘直做无改。小心地打磨仪表板并贴上仪表盘水贴。

Powerslide 的贴纸质量很好，贴上后完美无瑕，感觉实车跃然眼前。同时，贴纸也有助于整体降低银色漆膜的色调，使模型更加接近实车。

水贴全部完成后装上车窗，车尾扰流板和车门侧裙则用消光黑色涂装。

黏合底盘和车身，安装车窗固定销并贴上最后几张车窗上的水贴，最后装上车轮即告完成。

范例 2

银色底漆——红色面漆——水贴——罩光。

该车模的处理手法比较新颖，而且还使用了黑色阴影技巧。

全车组装完成后，用灰色水补土喷涂车身及相关零件，这个步骤可以掩盖车身上面的补土痕迹，统一色调，进而为后续的喷涂打好基础。

为了增添车身红色的深度，先用银色金属硝基漆喷涂全车，再喷涂硝基透明红色，最后用炭黑色从车顶到尾翼处做出渐变。

从图中可以看出深灰雾边条纹是如何延伸到尾翼两侧的。这种做法会为我们的模型制作增添很多乐趣。

水贴是用 Adobe Illustrator 和 Photoshop 制作的。要巧妙地设计海盗和帆船图案使之和车身各块面板之间契合准确。设计好之后，将其打印在透明水贴纸上（如果没有条件制作，国内玩家可网上搜索水贴定制卖家制作喜欢的图案）。

较大的车门和挡泥板上的图案先用一整块白色水贴作为底色，上面再贴上五颜六色的水贴图案。车身安置在底盘上有助于水贴的对齐。

车体的每一面都有不同的图案讲述黑胡子爱德华和他的喽啰们的故事。水贴用黑色打印，和红色的车体相得益彰。

　　水贴悉数贴完以后，可以看到精美的画面似乎在车身的不同平面上跳跃飞舞。

　　静置几天干燥后，整体喷涂双组分汽车专用罩光漆。一方面保护水贴，一方面使车体表面光滑无比，闪闪发光。

范例 3

使用水性漆手绘出图案——用蓝色调喷涂高光——上水贴。

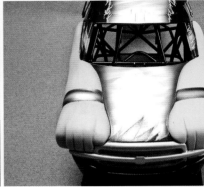

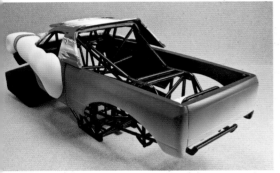

双臂的做法，是用环氧树脂补土雕刻完并晾干后，再砂纸打磨修整。然后以田宫的肉色作为底色，用 Vallejo 的水性漆笔涂肌肉纹理。

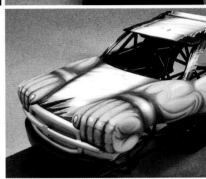

这台怪物卡车的车身涂装也很有特点。先用 House of Kolor 的猎户座银色作为底色，然后遮盖发动机罩及车顶的中央部分并喷涂 House of Kolor 的钴蓝糖果色。

用炭黑色和白色在车身中央喷涂大理石纹理，并沿着手臂侧面喷涂雾边条纹。

接下来用 Vallejo 的 70844 深天蓝色笔涂，将图案边缘勾勒出来。将手臂周边遮盖起来，喷涂用田宫肌肉色配出的颜色。

车体下部边缘也比照实车，用深天蓝色做出雾边效果。

底色全部涂好后，用几种 Vallejo 的棕色调涂料用水稀释，来描绘手臂细节。这部分参照实车图片，全部细笔手涂，确保色调的统一性。

最后，用 Vallejo 的黄白色和白色画出高光，勾勒指甲和肌肉上的细节。

先在电脑上画出 "SAMSON" 字样，用遮盖纸裁出相应的形状；再将遮盖纸贴在卡车后斗两侧并喷涂，然后贴上 SAM-SON 并喷涂外侧的金属边框效果。

后挡板上的灼热光束图案用白色油画颜料来完成。用一支微湿（几乎全干）的画笔拖着中心的颜料向外侧绘出发散的条状来模拟这种效果。

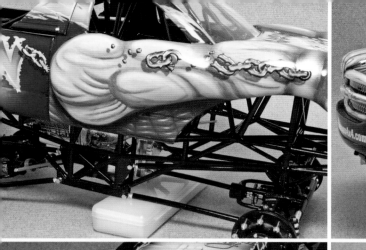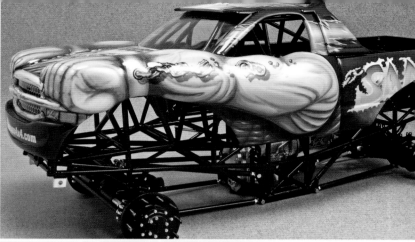

涂装完成后就该上水贴了。先用 Adobe Illustrator 画图，然后再用 Alps 打印机将图案印在透明水贴纸上，最后再贴在车身上。

用红色油画颜料在 SAMSON 字体上添加立体感，营造一种呼之欲出的感觉。

将车体静置几天让油画颜料全部干透，然后整车喷涂 PPG 的双组分氨基罩光漆。

用粗目到细目的打磨膏循序渐进地进行打磨，然后装上车窗。

罩光漆能够很好地加强车身色彩及图案的深度，并使全车的外观统一起来。

三种色调的复杂底色——遮盖——水贴。

碰上这类复杂的涂装工作，我们应当化繁为简，将其分割成不同部分逐一进行涂装。

这台纳斯卡赛车的车身先用灰色底漆补土进行整车喷涂，为后续的涂装打好基础。遮盖好后续要涂装成红色的部分，留下前部和两侧的蓝色部位。

蓝色部位先用 House of Kolor 的钴蓝糖果色进行喷涂，干透后沿着车体两侧和发动机盖中部胸肌的下方添加些深蓝及黑色阴影以增强色彩的纵深。

在超人图案的胸肌上部及腹部添加浅蓝色，腹肌则用纸张裁出合适的形状作为遮盖来涂出。最后在上部，也就是胸肌的最亮处添加高光。

撕去所有的遮盖，转而将蓝色部分遮盖好。接下来我们要开始进行红色超人斗篷的涂装。

先喷涂田宫亮红色作为底色，然后在红色中添加一些 House of Kolor 的日出珍珠橙色调浅作为高光。最后在斗篷的褶皱处涂装阴影。

现在进行到涂装环节的最后一步了。先将整车遮盖住，仅留出准备涂装黄色的后扰流板、顶部纵梁和车前底部扰流板。这三个地方先涂上白色，然后再上一层荧光黄。

整车喷涂 PPG 的双组分氨基罩光漆后贴上水贴。由于该车没有专用的水贴纸，我混用了 JWTBM 和 Powerslide 的水贴，以及 Alps 打印的定制水贴纸来装饰。

第七章　车身涂装技法　191

二、水贴纸的使用

近几年来，水贴纸并未有什么革命性的突破，我们只需按部就班地使用即可。即便如此，还是应当理顺使用过程。

赛车的外观往往眼花缭乱，因此我们必须用到水贴。它在车模制作中十分常见，也会为我们带来许多乐趣。当然，如果处理不好，它也会成为令人头疼的大麻烦。

新生产的套件中的水贴较少出现问题。然而，上了年头的套件中附带的水贴纸也会老化，特别是白色部分容易泛黄。要解决这个问题，只需将水贴用胶带固定在窗户上，图案的一面向阳，不久泛黄的部位又会神奇地变回白色了。不过这样也要付出代价，一些鲜艳的颜色可能会被晒褪色。

更可怕的情形就是水贴的开裂。碰到这种情况就没辙了，只能换新水贴，打印自制或定制也是个不错的选择。

我们可以用电脑来辅助并设计制作水贴纸，其实厂家生产的水贴也都是这么做出来的。先电脑画图，然后再印上水贴底纸。

自制最大的问题是色泽和市售产品仍有差异。一般来说底色越暗，色差越大。

水贴纸使用起来很简单。用剪刀或美工刀沿着图案边缘剪下，在温水中浸泡大约15~30秒，将图案小心移开底纸并贴上模型表面，这个过程可用干净画笔或镊子辅助作业。然后用吸水纸吸去多余的水分，此时如有必要，可用湿润的画笔小心地移动水贴来重新定位。切记模型表面要保持清洁无油。图中陈列了一些水贴纸的辅助材料，有增强附着力的，有软化以贴合复杂表面用的，同一张水贴可容许多种辅助产品共同作用。例如，我们可以用画笔蘸取一点带背胶的贴纸软化剂涂在模型表面并贴上水贴，然后用普通软化剂点在水贴纸表面，如此双管齐下，水贴一般都能完美贴合（若由于水贴质量、厚度、模型表面等因素影响导致不能贴合，我们可以重复以上步骤）。平整的表面贴上水贴纸一般不

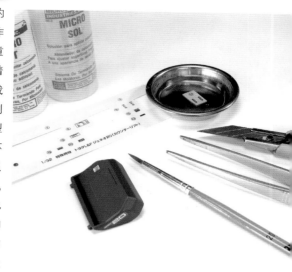

会有什么问题，但如果是曲面或不规则形状的表面就比较麻烦了。碰到这种情况，我们只能使用软化剂使之贴合曲面或不规则面：水贴移到正确的位置后，在上面点上贴纸软化剂。过几分钟，水贴会开始软化，这时候的贴纸非常脆弱，如无必要千万不要碰，即使移动也要万分小心。按压水贴使之紧密贴合时，建议从中间往外围进行，这样不仅能挤出气泡和水分，又可帮助不小心翻折的水贴舒展到位。经过以上处理，干透后的水贴就可以完美贴合模型表面了。软化剂可多次重复使用在一张贴纸上。有些水贴纸十分顽固，不仅要耗费大量软化剂而且还需十足的耐心。此外，我们也可以小心地用吹风机在安全距离外加热来促进水贴纸密合。

如果贴合的表面由两块平面组成，且平面间有面板线、可动零件结合线等缝隙（例如车门和车窗等），我们就得进行裁切了。比如下图的例子，这个过程其实一点都不难，我们还可以因此省去涂装结合线的麻烦。

大面积水贴纸的使用

碰到较大面积的水贴纸，使用技巧就八个字"精确测量，全面覆盖"，这样就能有效减少后续的修整。大多数情况下，水贴都会有一两毫米的白边，所以我们一般都要将白边切除。对于水贴纸的处理，按部就班非常重要，开工之前的准备工作甚至比贴上水贴本身更加关键，也更能够避免后续出现问题，因为水贴只要一浸入水中就无法走回头路了。

准备一些稀释过的肥皂水，这样既可以使水贴更加顺滑，还可以使其在贴合时更加流畅。

将水贴纸浸入肥皂水一分钟差不多就可以脱离底纸了。

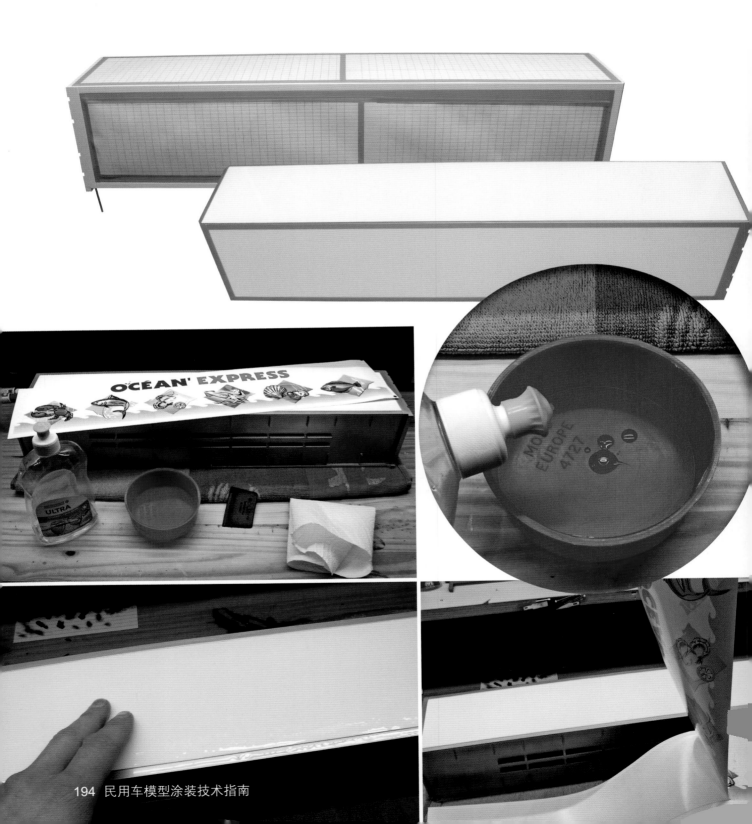

　　贴好水贴纸后，用一小段塑料刮板或棉签从图案中央向外缘按压，挤出贴纸下方的气泡和液体。做这一步的时候，保持润滑会很有效，吹风机可以加速干燥，不过吹风机一定要放置在 20 厘米以外的距离。微调完成后，可以稍微拉伸贴纸。

　　以上步骤都完成以后，整体喷涂罩光漆保护水贴，同时还可以保持模型表面的光泽统一。

三、碳纤维材料的表现

特殊水贴：碳纤维／复合纤维水贴

碳纤维是合成纤维的一种，它是由许多极细的纤维丝组成的。这种纤维不仅强度很高，而且抗压性好，同时还非常轻薄。模型本身无法表现这种细节，因此我们不得不使用各种贴纸。

由于模型表面往往不是一马平川，而且体积较小，因此该步骤最难且最重要的地方就在于水贴纸的定位。我们可以利用小技巧来辅助作业。

（右上）有些套件包含了碳纤维或复合纤维水贴，但市面上也有许多不同比例和规格的同类产品。它们的质量一般都能让人满意，只是需要自行裁切成型。

碳纤维在汽车、摩托车、卡车的很多部件上都有应用，单纯用上色很难还原其特殊纹路。

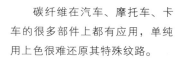

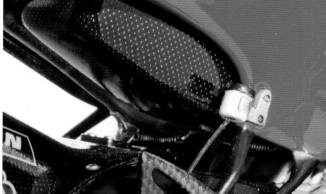

像裁缝一样，我们要对碳纤维贴纸进行裁剪，完成后的效果令人满意。

一般来说，水贴软化剂有两方面作用，一是软化水贴纸，二是在水贴纸表面形成一层薄胶，所以我们要耐心地处理并留出足够时间待其反应。这个步骤最重要的是一支较软的画笔和足够的耐心。由于贴纸质量不同，该步骤的难易程度也不同。如果水贴纸较厚，那就要多涂些软化剂。有时候，单张水贴纸无法一次性覆盖表面，我们就只能进行裁剪、切割，或者分块作业。

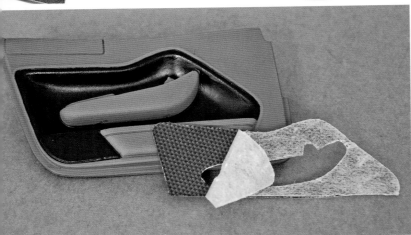
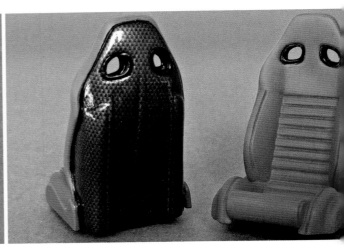

这是一个碳纤维水贴在法拉利内部应用的范例。贴完贴纸后要整体喷涂罩光漆将表面统一起来，这样效果才会好。

这个带内构的复杂车模使
用了很多碳纤维水贴。

四、金属效果涂装

金属效果可以用涂料或电镀粉来表现，其中部分产品甚至容许直接在表面进行抛光，这些产品可以用笔刷、喷笔或是不带纤维的软布进行涂装。零件表面必须平整光滑，这样才能真实地还原电镀或者真实的金属效果。下面我们就看看如何用蜡基涂料来获得满意的效果。早些时候喷涂罩光漆的办法一方面会使金属漆面颜色变得暗淡，另一方面，它也会改变原本金属漆表面的光泽。如今，新材料和新产品层出不穷，这类问题已经迎刃而解。此外，炭笔（石墨铅笔）用来模拟机械部件或发动机上由于磨损产生的抛光金属效果也非常合适。

如何涂装车标

车标算是车模中不容忽视的点睛之笔。许多有点年头的车模里，带有徽章、纹章及各种细节的车标是直接开在塑料车体上的，因此只能直接用画笔来描绘细节。放大镜、细笔和足够的耐心是成功的保证。勾勒车标应在硝基漆表面进行，否则很可能在描绘过程中，精美的车标细节会越来越模糊，直至一塌糊涂。

下面就来看看如何涂装出完美的金属表面。目前模型主要在塑料件上使用电镀工艺来表现真实金属及镀铬效果。然而本例我们却要用其他产品来尝试做出相似的效果。这次我们将使用的是电镀粉，将它涂抹在漆膜表面摩擦后就能做出高度仿真的镀铬效果。

塑料套件上的镀铬效果往往不够真实，甚至可能存在各种刮擦与缺陷，此时就需要我们重新上色。首先将零件洗净，打磨毛刺和毛边，并剥离原始的电镀涂层。将图中的零件浸入温热的碱性液体中。取一勺碱性清洁粉倒入温水中搅拌即可。

该步骤操作时要非常小心，因为电镀零件化学反应后会在碱性液体中产生有毒物质，同时水和碱性清洁粉还会引起温度升高，严重时可能引起灼烧。建议大家戴上手套和护目镜后再开工，避免反应中液体进入眼睛。将零件浸入碱性液体，几分钟后可以看到电镀层已经彻底消失，并露出塑料原色。最后戴着手套取出零件晾干即可。

零件干燥并清洗后，用极细目砂纸打磨，确保所有毛刺和缩胶都已清除干净。接着用亮光黑珐琅漆整体喷涂。这层漆膜的作用毋庸置疑，一方面增加铬银色的附着力，另一方面使金属色发色更完美。这次用的是田宫的X-1光泽黑珐琅漆，玻璃方瓶的这种。该漆喷涂简易，干燥时间短，而且完工后的光泽度也不错。

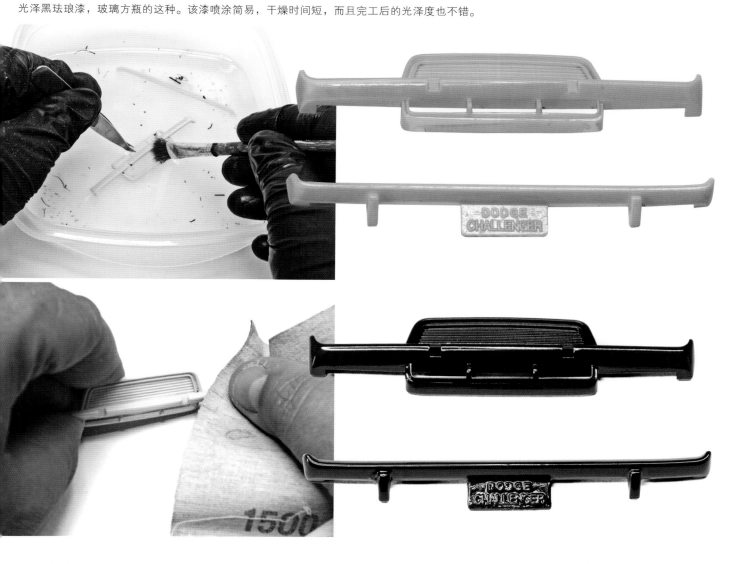

黑色漆膜干燥以后，我们就要开始制作镀铬表面了。零件A用棉签蘸取电镀粉，涂抹在零件表面摩擦；零件B则直接喷涂金属色来模拟镀铬表面。喷涂时，气泵压强要设定在1到1.5巴之间，切记涂层一定要薄，并喷出光泽。如此反复，薄喷三层就可以了。完成后，用棉布或不含纤维的软布擦拭，除去未附着的颗粒，使成品表面更加平滑。该步骤的过程和完成品效果请大家参看图片。

先用超级亮光黑喷涂这台川崎 H2R 摩托的油箱，薄喷几层后会形成一层较厚的漆膜，然后再用电镀粉进行擦拭。超级亮光黑的稀释度非常重要，选择同厂的专用产品效果才能达到极致。

涂层干透后，我们准备用 C1 Models 的电镀粉来处理。电镀粉的操作很容易，只要用抛光棉蘸取并摩擦零件表面就可以了，完成的效果十分惊艳。多余的电镀粉用产品内含的棉棒擦拭即可，同时还可以进一步增添光泽。光泽黑底漆在这个步骤里非常关键，一定要尽可能完美喷涂。

另一个范例供各位参考。

很多产品都可以做出金属效果，珐琅漆、蜡基涂料、电镀粉都是不错的选择，铝色、钢铁色等效果根本不在话下。特别要推荐 AK 出品的 True Metal 蜡基涂料，这是一种珐琅系产品，尤其适合中小型细节。金属粉末、铅条、碳笔（碳棒）则能在发动机、边角处及较小的细节上大放异彩。

使用电镀粉时，建议遮盖其他部位，否则容易弄脏。下面几张图展示了 KOSUTTE GINSAN 和金属箔之间的效果差异。

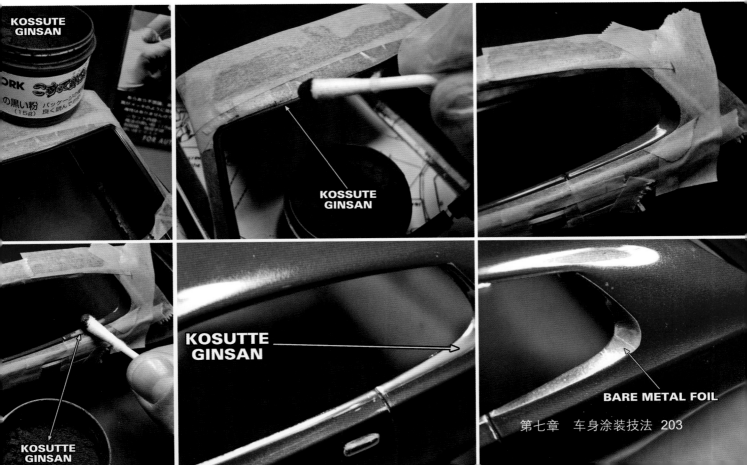

五、金属箔的使用

修剪

　　镶着银边的车身是老爷车的一大特色。为了重现这种效果，我们既可以用铬银色涂料经仔细遮盖后喷涂，也可以使用铝箔类产品来制作，Bare Metal Foil 算是这类产品中比较优秀的一款。这是一种极薄且带有黏附性的金属铝箔片，还有多种不同的表面效果可供选购。为了提升细节，这次选用了该品牌的超级亮光铬银色。

　　使用这类产品要万分小心，它非常娇嫩，极易起皱。先在底纸上按照零件形状画出所需外形，然后用锋利的工具刀沿着直尺小心地切割并取下，切勿用力按压。

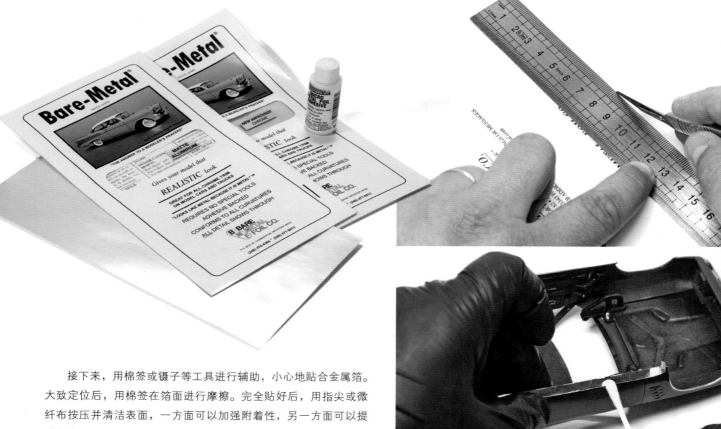

　　接下来，用棉签或镊子等工具进行辅助，小心地贴合金属箔。大致定位后，用棉签在箔面进行摩擦。完全贴好后，用指尖或微纤布按压并清洁表面，一方面可以加强附着性，另一方面可以提升亮度。

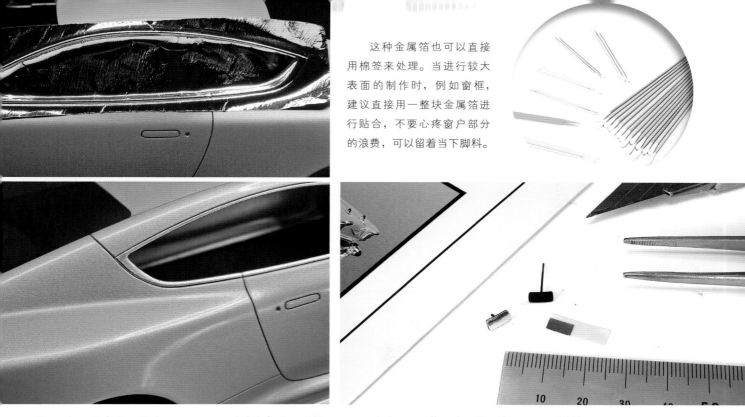

这种金属箔也可以直接用棉签来处理。当进行较大表面的制作时，例如窗框，建议直接用一整块金属箔进行贴合，不要心疼窗户部分的浪费，可以留着当下脚料。

碰到门把手这类小零件时，Bare Metal 也有很好的黏附性。如果有凹陷，可以用棉签按压使之贴合。

车内的后视镜用金属箔的效果远比用涂料好。

六、车灯及透明件的安装

灯头和灯罩的涂装也至关重要，若这部分做得不好，会使全车外观大打折扣。其实操作起来并不难，只要掌握些小技巧，小心地处理就能避免失误。市面上有许多不同品牌的补品可供选择，它们都是模型专用的，甚至可能是为某些车型量身定做的。只要购入并安装即可，十分方便。这类零件的黏合只能用白乳胶，千万不可用瞬间胶（氰基胶水）来处理。另一种方案是使用套件自带的透明件，有些厂商生产的透明件已经着色，另外有一些只是给出了原始的透明塑料件，还得我们用透明漆自行上色。如果是实色塑料或树脂件的情况，我们就得先用银色作为底色，干透后再涂上透明色，这样效果才会好。

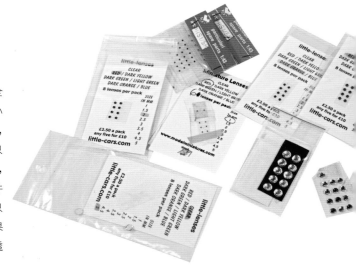

实车灯头一般由玻璃或塑料制成，如图所示，其样式可谓多种多样。有的甚至如图中这台纳斯卡赛车般，只是在车灯位置贴上贴纸。各位看出来了吗？由于担心碎裂造成危险，它并非真正的玻璃灯，而只是一张装饰用的贴纸。

车灯

　　有些模型的车灯零件质量很一般，但只要我们稍加改造就可以改头换面。

　　有些套件里的刹车灯甚至都不是透明件，只是镀铬的塑料件或根本就是和车身开在一起的普通塑料件。然而，镀铬的表面效果确实有助于提升车灯的外观。

　　范例中，我们将镀铬零件涂上透明红；当然，用红色马克笔（永久性）也可以，优点是操作简易且干燥迅速。下图是以上两种方法的效果对比，实测结果表明，成品效果都不错，几无二致。

　　先在灯具边缘喷涂消光黑，增加色泽深度。

　　反光灯则涂上添加了一丁点黑色和棕色的半光泽罩光漆。

　　最后一图，可以看到成品的效果挺好。

　　先遮盖侧灯周边再涂色，再按中心线水平方向上色，最后在边缘涂上较深的阴影色。

我们可以用小片锡块或类似的可锻金属（较软，容易形变的金属）来自制车灯。图中这套工具很适合用来制作凸起的车灯。

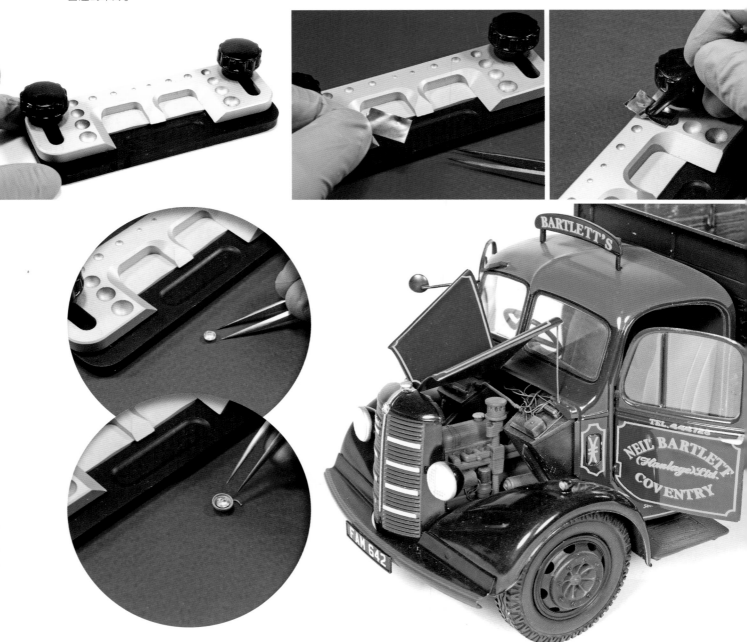

　　下图的车灯是使用多个小圆片零件粘贴在镀铬塑料件上制作的，透明玻璃部分则用透明罩光漆黏附，一方面增加视觉纵深，另一方面和实物更为接近。

　　透明件用几滴透明罩光漆来作为黏合剂，是因为清漆干燥时会形成保护性薄膜，起到黏附作用；同时也避免了大部分胶水对透明件的损坏。前灯后续会涂成透明橙色。

下面是一些常见的市售补品，其中全套的车灯浮雕贴值得推荐。注意卡车的车尾用的就是KFS出品的车灯。

记得要将车灯内侧涂上银色，这样可以有效增加部件的立体感和亮度。

透明塑料制的车灯也可以用相同方法涂装，先在零件背后涂上银色再上透明漆。大家可以看看下面几张图的效果。

有时候，透明件已经整体着色处理，无法再上透明色了，比如下面这样。我们来看看如何处理这组尾灯：先用遮盖液将透明红部分遮盖起来，然后再将其余部位涂上黑色，将每条竖灯隔开即可。

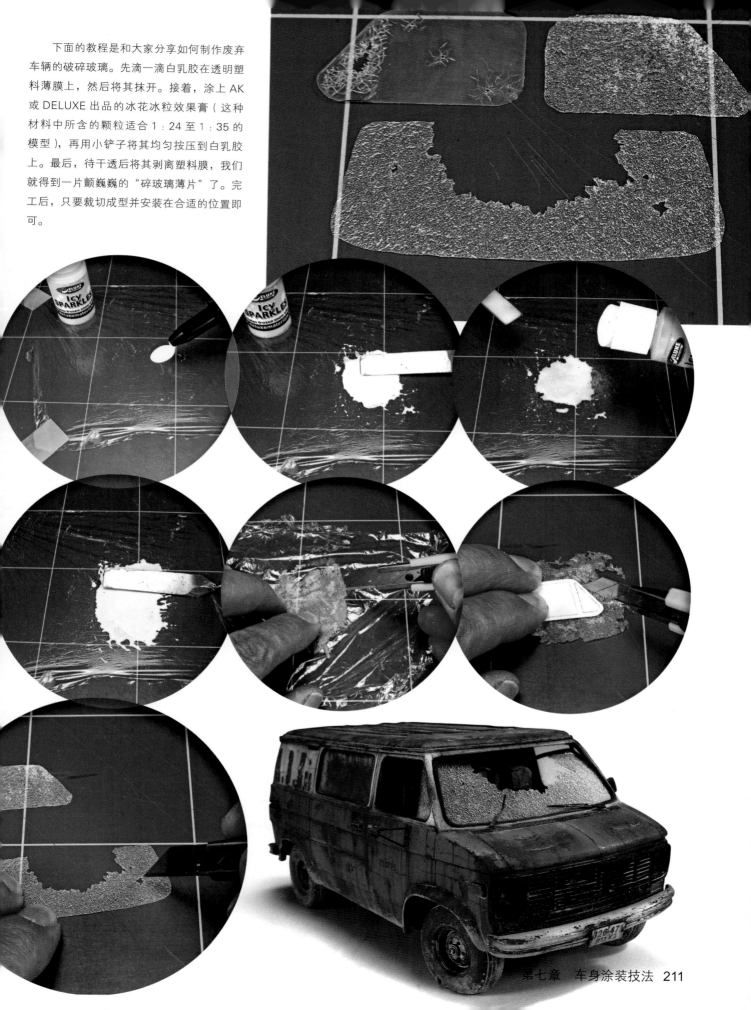

下面的教程是和大家分享如何制作废弃车辆的破碎玻璃。先滴一滴白乳胶在透明塑料薄膜上，然后将其抹开。接着，涂上 AK 或 DELUXE 出品的冰花冰粒效果膏（这种材料中所含的颗粒适合 1∶24 至 1∶35 的模型），再用小铲子将其均匀按压到白乳胶上。最后，待干透后将其剥离塑料膜，我们就得到一片颤巍巍的"碎玻璃薄片"了。完工后，只要裁切成型并安装在合适的位置即可。

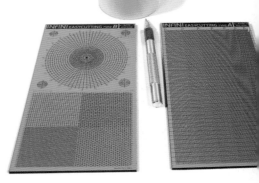

七、遮盖涂装

　　车辆模型的涂装常常会用到遮盖大法。在之前介绍工具材料的章节中提过，遮盖纸是一种低黏度胶纸，不容易破坏漆膜。如果感觉黏性还是太强，可以按需裁切后放置片刻待其黏度降低再使用。市面上也有多种规格的塑料制可塑性遮盖带，十分适合在曲面上使用。此外，不建议大家使用非模型专用的遮盖产品，其他产品背胶的黏性不一，很可能对漆膜造成损伤。

　　遮盖纸的裁剪要尽可能精确，因为这个步骤会直接影响到涂装后的效果。尽量使遮盖纸完美贴合模型表面，不要留有缝隙，因为涂装时漆液可能会通过缝隙渗到遮盖纸下，弄得一塌糊涂。同时还要注意，一是喷笔或笔刷要和遮盖纸保持垂直，二是涂料不能太稀。图中这种激光雕刻的金属板很适合裁切遮盖纸，上面的刻线可以引导笔刀走动，从而切出完美的形状。

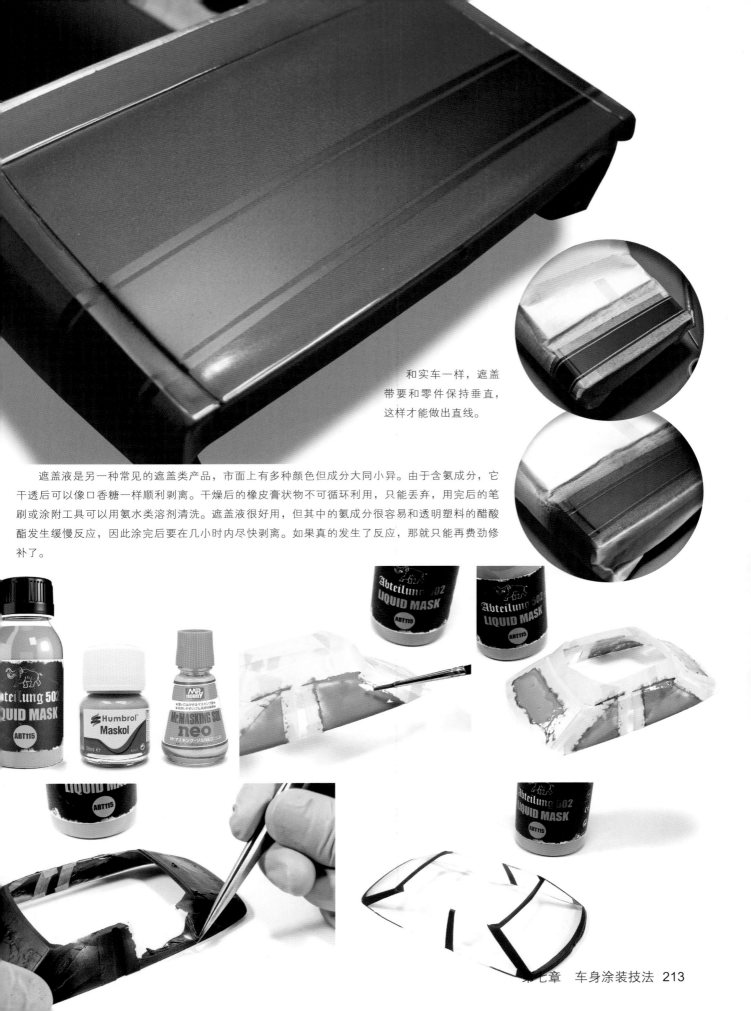

和实车一样，遮盖带要和零件保持垂直，这样才能做出直线。

遮盖液是另一种常见的遮盖类产品，市面上有多种颜色但成分大同小异。由于含氨成分，它干透后可以像口香糖一样顺利剥离。干燥后的橡皮膏状物不可循环利用，只能丢弃，用完后的笔刷或涂附工具可以用氨水类溶剂清洗。遮盖液很好用，但其中的氨成分很容易和透明塑料的醋酸酯发生缓慢反应，因此涂完后要在几小时内尽快剥离。如果真的发生了反应，那就只能再费劲修补了。

复杂图案的遮盖

下面我们来看看如何遮盖赛车车身上的复杂图案。使用的主要产品毋庸置疑为遮盖胶带。

这次不用套件中自带的贴纸，我决定完全手绘做出这些复杂的图案。首先用套件水贴作为模板，贴上田宫的宽条遮盖纸，用极细马克笔描出图案。接着用一把锋利的笔刀沿着图案进行切割。这个步骤的力道要非常小心，以不切入底层的水贴纸为准。

车体先用 House of Kolor 的猎户座银色预喷，然后将裁切下的贴纸贴在车身的相应位置。蓝色部分喷涂同品牌的钴蓝糖果色。

用刚才裁切遮盖纸剩下的另外半边将喷涂完的蓝色遮盖住，按照白、黄、橙三种颜色逐层喷涂做出渐变。橙色只需用在火焰尖端的小部分即可。

用同样方法在车身前端喷涂出红色区域。

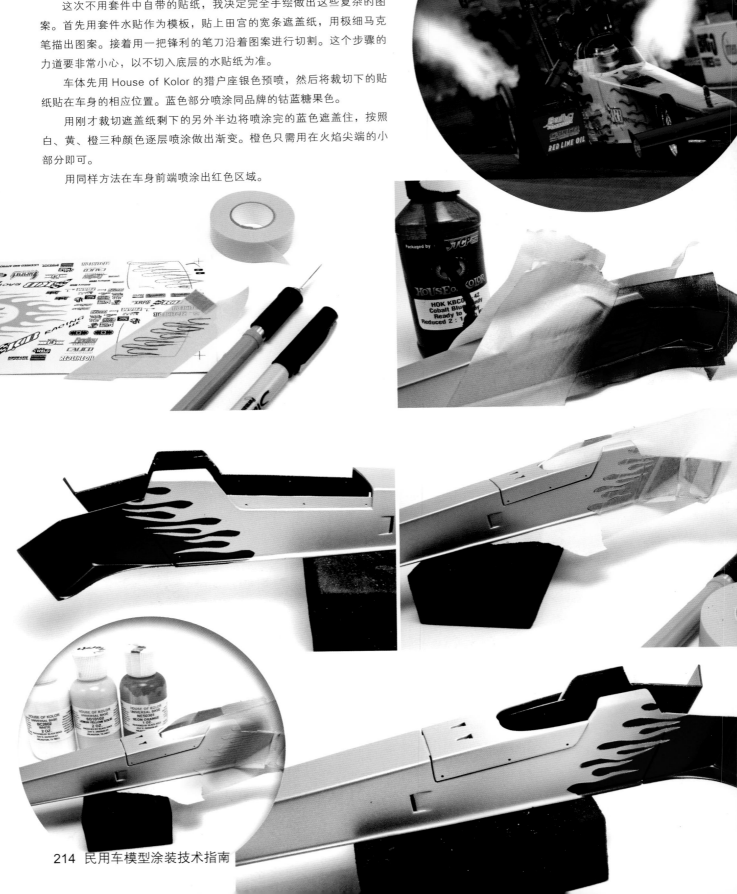

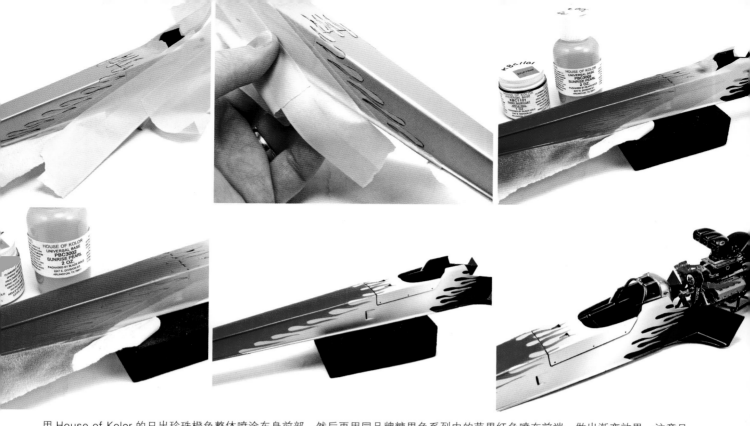

用 House of Kolor 的日出珍珠橙色整体喷涂车身前部，然后再用同品牌糖果色系列中的苹果红色喷在前端，做出渐变效果，注意只能露出部分原本的珍珠橙色。

待涂料干透后揭去遮盖就可以开始勾勒全车的火焰了。参照实车，图案的边界呈参差不齐的锯齿状，对手绘技巧的要求并不高。

车身整体使用 PPG 的双组份透明漆涂装，准备进行最后的修饰。

用画笔蘸取 1 Shot 出品的珐琅涂料勾勒全车火焰的线条。由于其优秀的材质，遮盖力十分出众，不过完全干燥需要耗费几天时间。

八、车身配件的制作

　　一些小配件能为我们的模型增添情趣，而且只需使用市售补品或利用想象进行简单的自制即可完成。后面我们还会详细说明如何处理车身刻字和标贴。

1. 天线

　　天线是各类车辆都可以添加的基本细节之一，我们可以用圆珠笔头来制作。先将笔头里的小珠子取掉当作基座，并添加一段 0.3 毫米的钢丝，然后在车身上钻孔插入笔头即可。

 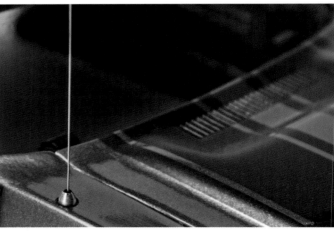

　　下面我们来看看如何用马克笔盖来自制后视镜。

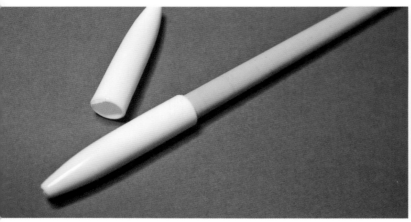 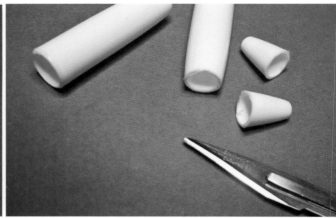

主体零件只要找到形状合适的锥形就可以。我准备做一对 20 世纪 70 年代的老爷车后视镜。

这次用的是笔盖，先用美工刀裁下锥形末端。

用平口钳和吹风机塑形。

钻孔，后续准备装入支架。

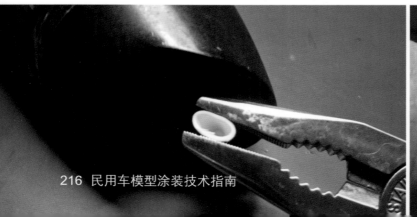 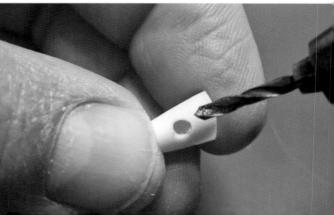

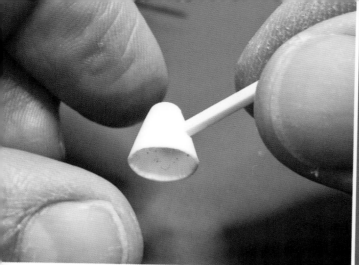

插入塑料棒作为后视镜支架。

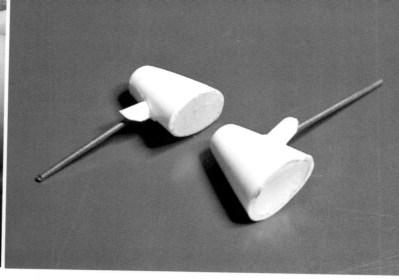

注意角度，将塑料棒裁切成型，插入金属针辅助固定。

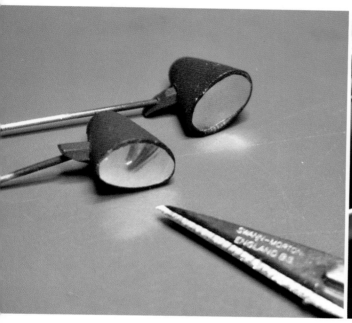

用补土填缝，然后剪下形状合适的锡箔纸当作镜面，这里用的是 Bare Metal 品牌。

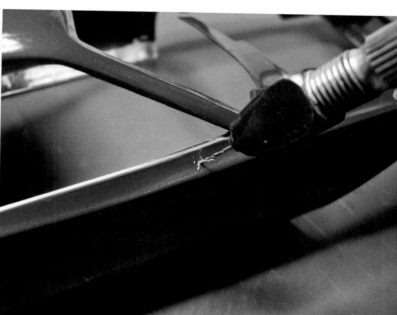

在车门上打洞，作为后视镜的定位孔。

2. 标牌的制作与涂装

接着我们来看看如何自制并涂装摩托赛车上的金属号码牌。同样的方法也可以用来制作类似的标牌。

在电脑上用制图软件 CAD 设计出图样并打印在自粘纸上，将贴纸贴在锡箔上，然后如下图裁切成型。锡箔由于表面凹凸不平、坑坑洼洼，而且材质较软、可塑性好，因此很适合用来加工这类零件。

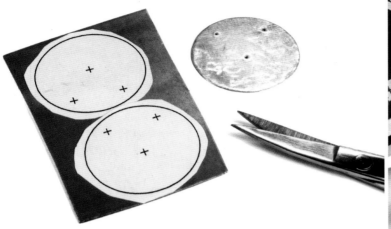

用冲子打出比例合适的圆钉，后续还会加上蚀刻片。

正面喷涂白色底漆补土，背面留下金属原色即可。

自制水贴并将其转印到白色光面纸上。若觉得光泽度不够，可以在纸面喷涂罩光漆。

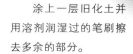

用海绵点涂做出刮擦。

涂上一层旧化土并
用溶剂润湿过的笔刷擦
去多余的部分。

标牌的旧化即告完工，可以安上车体
了。注意标牌的旧化要和摩托车的其他部
位统一，不要下手太重显得过于突兀就
行。

本例讲解的是使用蚀刻片制作车前栅的技巧。

经过对比可以看出，蚀刻片零件比原套件自带的塑料件效果好得多，而且也能够和驾驶舱完美贴合。用瞬间胶将蚀刻片黏上车头即可。

用细条状遮盖纸来辅助定位车标，确保其排列在同一条直线上。这个过程可以使用蓝丁胶将零件固定在握把上，方便操作。

黏合时需要的只是耐心。

有时候，最好将切下的蚀刻片先用遮盖带固定后再做修正。同时也方便上色。

用锋利的笔刀或蚀刻片剪刀裁下车标并用锉刀打磨，然后用一小块蓝丁胶暂时固定即可。

涂装和旧化过程中，很适合用遮盖纸来暂时固定零件。

第八章

涂装风格表现

　　民用车的涂装技法其实我们已经说了不少，并没有一种通用的方法能够做出各种不同的表面，而且各人对模型的理解和喜好也不同。有些模友喜欢光洁闪亮如水晶般的效果，就像刚出厂的一样；有些人则更喜欢相对粗糙的表面，上面布满各种旧化痕迹，更像实车且更富戏剧效果。

　　有些套件虽然表面亮晶晶，看起来光滑一片，似乎缺乏细节，但这类模型也是需要进一步处理的。在任何情况下，模型完成的标准都是由模友自行制定，但将近完工时，还是有些要点是值得一书的。

　　之前提到的第一种模友，喜欢完美喷涂、毫无瑕疵、闪闪发亮的成品，一般来说会用一些专业漆膜或罩光漆来收尾。比如原本用的是亨宝、田宫、郡士、铁士达等这类常见的涂料，收尾时他们会更偏好用一些车模专用的单层（1k）或双层（2k）来做镜面。氨基罩光漆在这个步骤很常用。

　　使用模型漆涂装时，只要上色细致和得当的后期处理，最后都可以做出几乎毫无瑕疵的完美表面。但平心而论，如果使用汽车专用漆会得到更好效果，其光泽度能够保持数年，而且漆膜对日常的触摸和清洁也有更好的抵抗力。简而言之，选用汽车专用漆利大于弊。

　　颜色喷涂完毕以后，我们有以下几种方案可供选择：

　　（1）喷涂完毕。

　　（2）抛光漆膜使表面更光滑。

　　（3）喷涂透明罩光漆（如表面有水贴，先贴好再罩光）。

　　（4）喷涂双组份罩光漆（如表面有水贴，先贴好再罩光）。

　　（5）喷涂消光或半光泽罩光漆。

　　（6）开始旧化，做出与众不同的效果。

按部就班完成以上步骤后，
光滑的表面可谓以假乱真。

清洁（去油）

在喷涂每层漆膜之前，用去污剂清洗表面尤其重要，这个步骤可以去除表面残留的灰尘、指尖留下的汗渍油渍、涂料残留的未附着颗粒等，否则这些污垢会和后续喷涂的漆膜混在一起，破坏成品效果。

修车店使用的去污剂所含溶剂较少，可以用作漆膜间的清洁使用。市面上也有贩卖塑料专用的去污产品，它们的性质更温和，不会损伤模型，这类产品是最佳的选择。

然而，并非一定要在专门的店铺里才能买到合用的产品，像Zero Paints这类较大的品牌也会有相应的去污产品可供选购。此外，AK 的 White Spirit 在国内比较容易买到，用来当作清洁剂或去污油也不错。

一、使用罩光漆制作光泽表面

1. 涂料概述

一般来说，我们接触的这类涂料有两种，学名是聚氨酯漆（氨基）和聚亚安酯漆（硝基），它们都可以在民用车模型店里买到。一种是调好浓度的透明罩光漆，这类产品直接进行稀释就可以了；另一种是双组分漆，它包含两种产品成套贩售，一是罩光漆原液，二是用作催化剂的硬化剂。此外，我们也可以买到稀释剂或专用溶剂使产品使用更加顺畅。

请注意，上述的罩光漆和实车车身用的涂料成分是一样的。

许多模型老鸟在战车、飞机、战舰等多个领域驾轻就熟，他们或许也被轿车、卡车、摩托车等各种民用车辆吸引过，但看到各种民用车辆闪闪发亮的外表，往往心生恐惧、望而却步。即便对于我们这些业余玩家来说，用一些非传统的模型产品来做出令人惊艳的成品也并非易事，但其难度往往被夸大其词。只需循序渐进、按部就班地遵循常规做法并不怕犯错就可以了。同时，我们往往会从错误中吸取经验教训。

2. 喷涂建议

模型进行到喷涂步骤时，我们有些建议提供给大家参考。涂料、稀释剂、去污产品，还有其他各种相关产品，这些都是有毒的，对人体和环境有害。因此使用前采取保护措施很有必要。

我们可以在劳保店里买到个人防护用品（PPE），建议每个人都要准备一套。即使是微量的毒害，我们都应该避免。

这并不意味着我们要从头武装到牙齿，其实只需简单的几件防具，如医用橡胶手套、防毒面具/面罩、护目镜等，如有可能，喷涂时穿上长袖的衣服，以免有毒气体和裸露的手臂接触。

长期使用这些存在于各类专业喷涂产品中的物质，毫无疑问会对我们的健康造成损害。

若家里足够大，有条件在房间里做模型，喷漆箱是非常推荐的一种设备。模型店一般都有卖，网上也有许多自制教程可供参考。

本书开头也有过相关介绍。它的作用并不仅是模型的防尘，更重要的是保护我们自己。箱内的抽气扇通过专业的滤网作用，能够将大部分有毒气体排出室内。

另一个要点是工作环境一定要通风，环境要整洁，以免空气中悬浮的颗粒和细纤维破坏成品。

即使用上最高级的喷漆箱来作业，空气中的粉尘和绒毛还是有可能附着在我们的模型上。不过这并不意味着我们的辛苦成果毁于一旦，后面的章节将会和各位分享碰到这类问题该如何进行修整。

3. 准备工作

正如我之前再三强调，我们的工作环境要尽量避免粉尘。因此在开工前，可以向空气中喷水，水雾中的水分会有效降低空气中的粉尘等颗粒。衣服和家具上如果布满尘土，建议也用喷雾器喷点水。

我们还要准备个房间来放置等待漆膜干燥的模型，或者用一个高度足够的纸盒或纸箱来罩着模型。喷涂时，可以将车身固定在倒置的杯子底部以方便握持。若用到纸箱，有必要喷湿箱体内部以除去大部分附着或悬浮的粉尘。

分件可用木棒挑着蓝丁胶来进行喷涂，一次性木筷子就可以了。

家用电器箱子里的白色泡沫块可以用来插着木棒，以供暂时固定用。

4. 注意事项

罩光漆类产品使用前一定要仔细阅读说明，说明书可能印在罐体上、盒子内或发布在网络上，并严格根据厂商的要求按部就班来使用。说明书会详细记载干燥时间、使用方法、气泵压力、稀释配比等，此外，清洁剂等配套产品一般也会有所推荐。

使用专业产品不应该信手拈来，这样有可能毁掉之前的辛苦工作，甚至将模型搞得一团糟。多次使用相同产品后，说明书上的内容恐怕早已烂熟于心、得心应手了。

5. 操作建议

建议大家使用 0.3 毫米到 0.5 毫米口径的喷笔，不同的喷嘴适用不同的场合、手感、模型的比例。最后的选择取决于每位模友的个人感受，并在实践中得出结论。

喷漆时，气泵的理想气压在 2~2.5 巴之间。

喷涂时喷嘴和模型之间的理想距离约为 20 厘米。

车身的涂装要求轻柔且稳定，记得将喷笔垂直于模型，不断按压 / 松开按钮做直线运动，起笔和收笔的节点都应该在模型之外的地方（如我们前文所述的要点）。不要按着喷笔按钮在模型表面滞留，这样很容易造成涂料堆积或垂流。

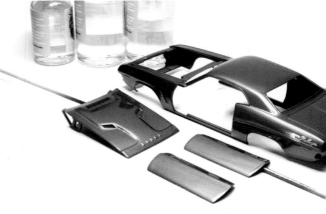

6. 可能出现的问题

如果在喷涂过程中出现附着在模型表面的绒毛、粉尘、纤维或冷凝水时，应立即停工进行处理。

如果涂料未干，马上用镊子等工具将附着的污垢挑离，然后重新进行喷涂。

如果无法将这些杂物去除，将剩余部分接着喷涂完并放置干燥，再用打磨或抛光等方法把这些杂物磨去。

罩光时若模型表面滴落水珠应立即停工，小心地用纸巾的尖角将其吸除，切记不要碰触漆膜表面。如果无法去除，则干透后重复之前的工序即可。范例中的这台车模表面有几组平行的黑粗条纹。

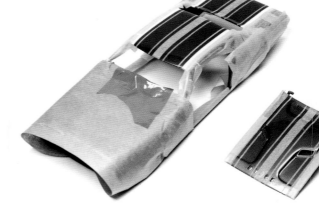

但揭去遮盖时，车体侧面有一部分遮盖纸粘走了涂料。

我们需要去除受影响区域的涂料，使用牙签和镊子挑起涂层并剥离，然后用细目砂纸打磨车体至平滑，再用水洗去残留的涂料粉末。

再次遮盖车体，只留下需要返工的区域，然后薄薄地进行修饰性喷涂，将瑕疵部分完全覆盖。留下较大面积的目的是使后续的修补漆膜能最大限度地和车身其他地方融为一体。最后再喷涂双组分罩光漆，使全车光泽达到统一。

7. 喷笔的清洗

喷涂完成后，喷笔的清洗异常重要。每次完工后都要趁着残留的涂料未完全干透时将喷笔彻底洗干净，否则极易造成喷针和喷嘴的堵塞。

各种不同的涂料性质大同小异，如果不及时清洗，都很容易硬化并永久性堵塞喷笔。

厂商一般都会提供相应的洗笔液可供购买，借以将喷笔保持在最佳状态。当然，如果买得到的话，我们也可以自行购买硝化纤维溶剂或工业丙酮来洗笔。

将洗笔液或稀释剂倒入喷壶里随意喷涂，反复按压并拉伸按钮，确保喷针在笔腔内不断移动，将附着在上面的涂料残余彻底清除。

接着拆解喷笔，取出喷针，再用棉布沾着溶剂或洗笔液擦拭，使其光亮如新。

市面上也可以买到专用的喷笔清洁套装，可以用它来清洗喷笔内部，经济且方便。

这种套装一般包含了多种不同的刷头，可以深入喷笔内部进行清洗。喷嘴也有专门的清洁针可搭配使用。

8. 操作要点

我们要严格遵照厂商的说明进行作业，干燥时间和涂层特点等一点不可马虎。

漆膜的厚度也是注意的重点，多层厚漆会把模型细节遮盖掉，且容易出现焦糖般的色泽，看起来非常失真。最多喷涂四层——两薄两厚，薄漆的目的主要是打底，让后续的厚漆一方面呈现完美光泽，另一方面也能帮助挂漆，避免漆膜垂流。薄喷的光泽度不佳，仅仅出现半光泽效果也不用担心，少量多次是不变的原则。

常见的一大错误是操之过急。有些模友第一层罩光刚喷涂完毕，看到表面的光亮效果心生喜悦，便迫不及待地进行下一层罩

光（我们需要的是多层漆膜的叠加效果，但如果上一层没干透就草草喷涂下一层，相当于喷涂了一厚层涂料，这样会毁了模型）。这样做是错误的，很容易造成漆膜过厚，部分区域会开始出现瑕疵，进而毁掉整个模型。

涂料和硅酮是一对模型中的天敌，聚氨酯漆和聚亚安酯漆会和某些含硅的产品反应。喷涂完面漆准备上罩光漆的间隔时，我们会用到一些清洁剂来清洗模型表面。硅酮存在于很多产品当中，例如发胶就会和漆膜起反应，造成局部漆体附着不良，产生类似陨石坑般的凹陷，这类凹陷一旦产生，漆膜便无法附着。

再次建议各位使用相同厂家生产的全套产品，涂料、稀释剂、洗笔液等，重要的是产品之间不能有排他性，一定要能够互相兼容。另外，硝基漆不能喷涂在田宫或郡仕的水性漆表面上，它们会彻底溶解水性漆。同时也不能叠加在珐琅底漆上，虽说二者不会立竿见影地作用，但随着时间的推移还是会逐渐地起反应，最终造成对模型的破坏。

二、双组份涂料、漆面瑕疵的解决方法

涂装、罩光等环节完工并干透后，如果发现效果不如预期，甚至发现缺陷该怎么处理呢？

多年来，民用车爱好者们一直致力于将传统的模型涂料（田宫、郡士、亨宝、铁士达等）向实车使用的专业涂料进行转变，这类产品常见的品类有塑料适配的底漆、单层（1k）及多层（2k）涂料，以及常见的车身亮光漆。它实际是一种聚氨酯（氨基）清漆，同时需要固化剂或催化剂来加速或延缓干燥时间。然而，这几种专业产品较难使用，需要我们花费较多时间来掌握使用技巧和应用技术。我们应时刻牢记用的是工业产品，不仅原本是用在大面积的涂装上，而且工业喷涂设备也和我们家用的喷笔相去甚远。另一个要点就是，细微的瑕疵在实车如此大的面积上可能察觉不出，但出现在模型上可能就非常扎眼了。各种缺陷会被异常放大，瑕疵的程度往往取决于模型的大小和缺陷的种类。

最常见的瑕疵无非就是漆膜表面附着的粉尘颗粒、涂料的垂纹、橘皮现象、冷凝水的喷溅；不常见的瑕疵往往产生于汽车专用底漆、面漆、罩光漆的使用不当，从而产生的裂口、气泡及各种不完美。

1. 灰尘及污点

模型涂装中最常见的问题就是浮尘造成的污点。不幸的是，涂料正如磁铁一般，非常容易吸附浮尘。即使我们万分小心，做足了准备工作，漆膜还是很容易沾染这类讨厌的颗粒。

在大型汽车组装车间里，工人都是全副武装，在无尘环境下进行喷涂作业的。即便如此，就算是机器喷涂，上漆并烘干的车身也要在检查站中接受瑕疵扫描，找出不完美的地方并重涂，所以我们这些模型爱好者们出现类似问题也就不足为奇了。当然，处理越细致，出现的问题就越少。喷涂之前的准备工作，除了选择干净通风的场地外，抽风系统也是必不可少。

建议大家在周边环境以及衣物上喷水，喷出的水雾能有效吸附空气中悬浮的粉尘微粒和衣物上的尘埃。

不同漆膜之间静置干燥时，以及模型完工后的干燥时间里，我们必须准备合适的容器，例如防尘罩等，来保护我们的模型。

干净的橱柜、塑料盒、纸板箱其实就够用了，记得在容器内部喷水去尘。

喷涂过程中，如果发现有异物不小心粘在漆膜上了，就应该立即停止作业。强行续喷很可能会弄得一团糟。用镊子挑离异物，然后才可继续进行喷涂。完全干燥后，进行打磨并抛光也可以有效去除异物。

以上这些技巧在本书的其余章节也有提及。

2. 橘皮现象

橘皮是喷涂中另一种常见的缺陷，其表现为漆表的凹凸不平，严重的甚至触摸就能感觉得到。实车表面其实偶尔也会出现这类现象，只不过表面积太大，我们不容易注意到罢了。

这种问题产生的原因不止一种。压力过低、稀释不足、漆体过稠、喷笔脏污、工作温度过低或过高都有可能。

模型上出现了这种问题肯定不能坐视不理。我们可以先用细目砂纸将橘皮表面的

漆膜打磨平整，再用抛光产品进行抛光；或者先打磨彻底，再上漆并罩光。如果凹凸太过明显，那重新返工就不可避免了。

本章的第三部分专门论述了抛光技巧，按部就班地分解了抛光的步骤和要点；如果出现问题，请参照本章第五部分列举的方法和技巧来修复板件。

3. 漆体垂流

漆体垂流也是喷涂中时常出现的问题之一。其产生的原因也很多，气泵的压力不当、喷笔和模型过近、运笔停顿在同一个地方导致的漆液堆积、涂料过稀等都有可能产生类似后果。

要避免这种情况出现，最重要的是将涂料稀释成牛奶状，确保出漆顺畅。

由于工业喷枪的口径较大，工业用的车漆往往黏稠度较高，我们必须稀释后才能使用。

若用专业的车漆喷涂工具，漆体的黏度往往有特定的标准，而且会用黏度计来进行测量，而我们家用的喷笔一般不具备这种条件。

我们只能自己按照大约2：1来进行面漆或罩光漆的调配，也就是说，每两份涂料兑一份稀释剂，最终溶质和稀释剂之比会达到等分。另一个需要考虑的要点就是气泵的压力。

大多数模型气泵都是膜片式空压机，输出在（1.5~2）巴之间，这个压强对于专业涂料来说正好。

此外，还要注意第一层涂料必须极其稀薄，勉强能覆盖模型是最好的状态。

4. 月表现象

月表现象是模型表面出现的细微凹坑，这是聚氨酯漆类或双组分漆（2k）特有的问题。无论加喷多少层，我们都无法掩盖这类问题，反而会让模型雪上加霜。

这种情形出现的原因是漆膜表面被油渍微粒或硅酮所污染，这类污渍会和漆膜反应，使其无法附着，从而形成点状凹坑。

如果凹坑不深，约72小时漆膜干燥后就可以进行打磨，注意不要伤到底漆。表面平整后，可以用去污产品进行清洗，进而重新罩光。我们可以先在出现问题的区域集中喷涂，再慢慢扩展到外围区域，从而实现完美的过渡，这样就看不出曾经出现状况了。

虽说如此，最好的办法还是将漆膜磨掉，重新来过。因为我们不能确定漆表是否还有残留的污渍，会不会再发生反应。推倒重来是最稳妥的办法。

最令人沮丧的情况，莫过于喷漆过程中突然发现凹坑大面积出现，就像月球表面一样，而且这时候我们只能束手无策地干瞪眼。

所以预先做好功课非常重要，喷涂前一定要用清洁产品将表面清洗干净。

5. 沸腾现象

这是一种比较少见的问题，事实上是困在罩光漆下层的气泡，看起来像是漆膜沸腾了一般。这种现象产生的原因是，漆膜之间的干燥时间不足，首层漆膜中的稀释剂就开始反应，还没彻底干燥时，后续漆膜又再连续添加上去，稀释剂又和后续的漆层再次反应，因此气泡就产生了。

解决的方法是打磨后再用修车店的专门产品进行补漆。

打磨后，将这部分区域遮盖起来以免影响到周边，记得留下足够宽的区域以供喷涂。用相同的涂料喷涂受损的部位后，将范围扩大到周边地区直至底漆完全被覆盖。

最后再上一遍漆，使修补的区域和周边完全融为一体。

三、抛光技法

1. 打磨

　　除非我们训练有素，一气呵成，否则喷涂罩光漆后使用相关产品进行抛光是非常有必要的，这样才能做出闪亮耀眼的无暇表面。

　　下图的车身结束了喷涂环节，完全干燥但并未抛光。

首先从 1500 目到 12000 目进行逐层打磨（ 1500→1800→
2400 → 3600 → 4000 → 6000 → 8000 → 12000 ）。

可以先用 1500 目进行粗略打磨，一开始选用的砂纸号码要视我们漆膜表面的瑕疵而定。

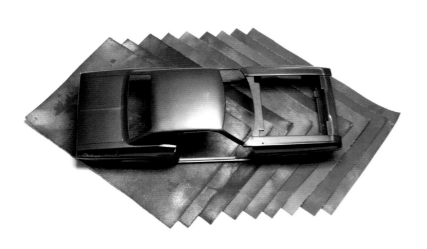

将零件完全浸入清洁剂，然后就可以开始打磨了。

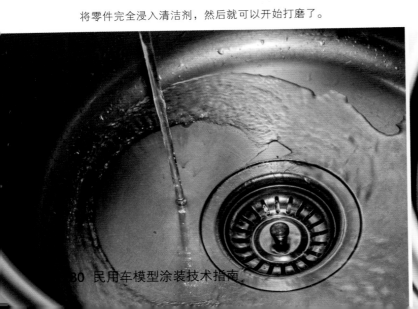

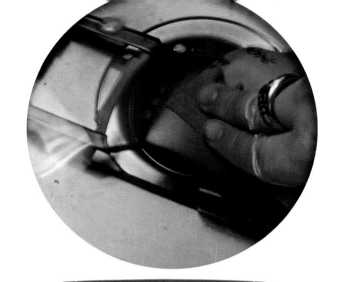

　　将零件浸入清洁剂并开始打磨，打磨过程要轻柔地进行，不可施加太多压力。特别要注意边角等地方，这些地方的漆膜一般都较薄，很容易就会磨穿并露出底层的塑料。如果不幸穿帮了，最好是局部重喷，或者用细笔蘸取相同颜色进行补色。

　　打磨后可见全车漆膜非常光滑，亮度不均的情况也消失了。但这还不够，我们接下来还要进一步抛光。

2. 抛光过程

　　我们可以用化妆棉、抛光布或纤维布蘸模型专用抛光产品来为爱车进行抛光，田宫的打磨膏就是一款很好的产品。此外，也可以借助电磨来完成这个步骤。

　　徒手抛光很考验耐心，它要求重复足够多次才可以达成满意的效果。抛光可以遵照以下原则来进行：始于粗、终于

细。大多数品牌的抛光产品都是由三部分组成，拿田宫来说，先由红盖粗目打磨膏开始，仔细打磨使表层初显光滑，光滑程度可以这么测试：用纸巾或软布滑过表面，感觉仅有些许阻滞；接着使用蓝盖细目打磨膏进一步做出光亮的效果；最后，就是用白盖的镜面打磨膏仔细研磨表面，做出镜面效果。

3. 机械抛光

　　我们也可以用电磨甚至电动牙刷蘸取打磨膏进行抛光，电动工具上手相对比较容易。

打磨过程中，我们可以使用泡棉或抛光球（直径约 25 毫米即可）来辅助作业。泡棉可以用同样尺寸的尼龙搭扣固定并安装在钻头上。

这个过程和实车的抛光其实是一样的。

如果抛光棉过厚，可以将其裁切成所需厚度，以免旋转起来无法完成同心运动。

打磨膏只需涂布在抛光棉的表面，然后用手指将其抹开即可。千万不要用得太多，电磨旋转起来可能会将多余的打磨膏甩得到处都是。

　　开工前，先将电磨调成低转速，常规握持并使其垂直于模型表面。

　　根据电磨的功率不同，如果按压过头，电磨可能会停转，这是因为电磨没有足够的扭矩来承受我们施加的压力。若发生这种情况，则将转速提高一档。其实抛光过程并不需要施加太多压力，因此我们只需让泡棉"轻抚"漆面即可。这是由于电磨只负责涂抹，而真正起到打磨作用的则是打磨膏。

　　下面几张图是打磨前后的效果对比。

1	**2**	**3**
未打磨的罩光漆表面。	用1500~12000细目砂纸打磨后的表面。	抛光后的效果。

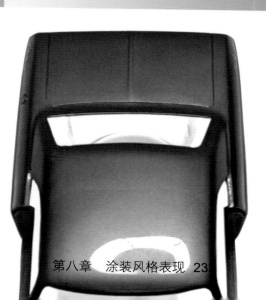

4. 在底漆上直接进行打磨

　　有些模友另辟蹊径地开创了这种手法，效果也非常独特。他们先粗喷全车，只求涂料完全覆盖车模，并未喷涂任何罩光产品。然后直接在底漆上进行打磨抛光，也能做出类似罩光漆的效果。这种做法成本较高，尤其是模型面积较大时，我们需要付出更多耐心。

　　一旦漆膜干燥且附着良好（这种技法比较激进，对底漆的要求较高），我们得到的是一个哑光的表面。随着打磨的进行，漆膜将越发光滑。动作不仅要轻柔，而且各处的按压力道必须基本相似。不同于实车，这种方法做出的漆膜寿命不如实车，后者表面还有一道罩光漆的保护，能够在很大程度上免遭外部因素的破坏。

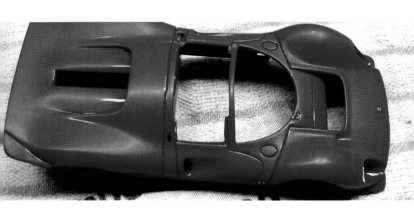

我们应该如何抛光？简而言之，可以用淘汰的全棉衣物或棉布，蘸取少量打磨膏在漆表做圆周运动，稍干后用干净的棉布擦去多余的打磨膏即可。

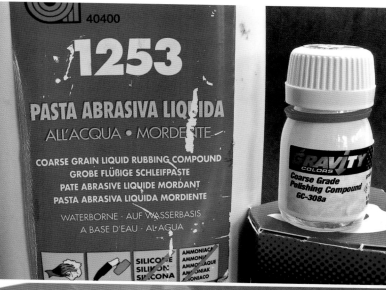

四、罩光：消光及半光效果

成品模型并非总得是闪闪发亮的簇新外观。如今，越来越多玩家喜欢在民用模型上做出各种旧化效果，不完美的车辆更是大行其道。有时候，我们只是简单地掩盖其耀眼的光泽；而有时候为了表现岁月洗礼造成的使用痕迹，用局部区域的消光来表现这种效果。若是这样，我们就不用之前提到的那些双组分或超级亮光系列罩光产品了。下面就来看看另一种与众不同的制作手法。

在这台 Mini 车身部分区域进行渍洗，注意该车表面并没有亮光效果。

即将干燥时，用棉签擦去多余的渍洗液，全车整体喷涂缎面或消光透明漆。

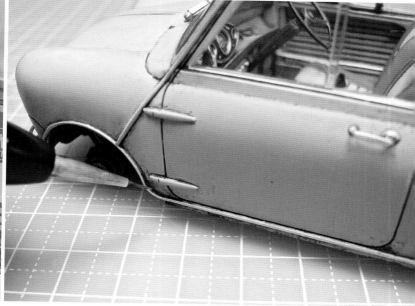

　　涂装之前我们就该决定成品的最终效果，
并决定如何安排后续的罩光或抛光步骤。

下面就来看看如何制作一台被丢弃在车库中的摩托车上的燃油渗漏及沉积效果。这些机油沉积物要用半光泽来表现。

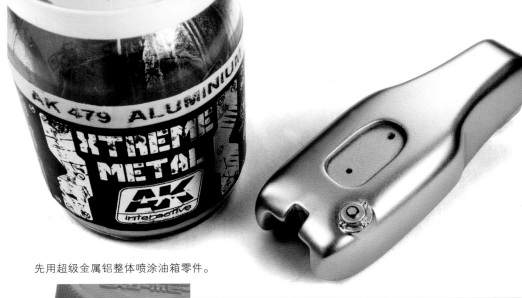

先用超级金属铝整体喷涂油箱零件。

薄喷几层郡士消光红色，这样零件仍然带有少许金属效果。用软质棉布抛光表面，不用担心出现少许刮擦。

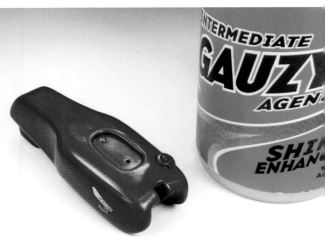

用轻薄溶媒液光泽强化剂来做出正确的光泽效果，但不用喷涂罩光漆，我们要的效果更接近半光泽。

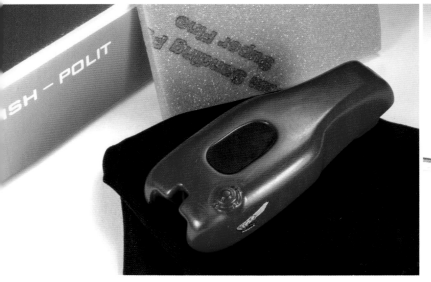

用细目打磨海绵砂、指甲抛光棒及棉布除去零件上大部分光泽。不要施加太多压力，我们要的效果是半光泽表面外加一些自然的刮擦痕迹。

用发动机油污渍洗液画出油箱的渗漏，用干燥的软毛笔将涂料化开。渗漏点的根部加一点黑色或烟灰色旧化土，在油箱盖周边做出灰尘和机油混合的污垢。这种技巧在半光泽表面上效果最好。

座椅后部也用同样方法进行处理，并用海绵蘸消光铝色点出若干刮擦和划痕。

皮革座椅上方用棕色油画颜料进行旧化。套件中这部分零件是用橡胶制成的。

然后我们同样使用光泽强化剂，并进一步旧化。

用稀释剂将深土色旧化土调开，模拟摩托车后轮甩起的喷溅泥点。

挡泥板的涂装

挡泥板的涂装要和车身其余部分效果一致，尤其是机油沉积和座椅部分，不能显得过于突兀。

参照实物，用超级金属黑作为底色喷涂即可，没必要再添加其他漆层。

右侧稍加打磨，左侧保留光亮如新的效果。

稍加打磨及抛光后的挡泥板如图，切记我们所要的并非亮光效果。

用 AK 4062 尘土沉积效果液及 AK 2031 起落架及着陆装置尘土效果液做出色调变化，这类产品的质地十分细腻。

用少量赭石色旧化土做出挡泥板的尘土效果。用软笔蘸些干燥的旧化土随机地点涂在零件表面，它们会嵌入漆膜里。

用石墨铅笔在边缘做出细微的刮痕。

模型的半哑光外观及旧化效果十分出彩，丝毫不逊色于拥有全新
光亮外表的车辆。

五、漆膜拭除及车体修复

有时候，我们不得不擦除车身的涂料，原因可能是由于涂装失误导致的漆面意外受损，也可能仅仅只是想把老作品改头换面一番。由于技法和所需产品多种多样，我们无法全然规避各种可能损坏模型塑料的风险。

根据涂装过程中使用的面漆和罩光漆的不同，我们可以用不同产品来进行拭除。下面的表格列举了市面上最常见的涂料和罩光漆类型，以及对应的拭除产品。

涂料或罩光漆类型	酒精	碱性清洁粉	松节油	刹车油	氨基溶剂	处理过程
珐琅系：田宫珐琅漆、亨宝、利华、铁士达等			X			用软笔蘸取松节油擦拭需去除的部分，勿将模型整个浸入松节油内，这样会破坏塑料本身
亚克力系水性漆 / 水性罩光漆：AV Vallejo、田宫水性、郡士水性、双组份水性车漆	X	X				用蘸了酒精的笔刷擦拭。或将 2~3 汤匙碱性清洁粉倒入一碗 35~45℃的温水调开，将零件浸泡半小时左右，再用肥皂水冲洗干净即可
单层涂料（1k）/ 单层罩光漆：田宫喷罐、预调 Zero Paints、单层车漆				X		根据零件大小，将其在刹车油中浸泡几天，取出后用肥皂水冲洗干净即可。该步骤可使用塑料容器
双层罩光漆（2K）：Zero Paints、Gravity Colors、双层车漆				X		根据零件大小，将其在刹车油中浸泡几天，取出后用肥皂水冲洗干净即可。该步骤可使用塑料容器
溶剂型双层涂料：Zero Paints、Gravity Colors		X				将 2~3 汤匙碱性清洁粉倒入一碗 35~45℃的温水调开，将零件浸泡半小时左右，再用肥皂水冲洗干净即可
高亮亚克力罩光漆（水性）：Future、Bosque Verde、AK 光泽透明漆、轻薄溶媒液、Alclad Aqua 光泽透明漆					X	将零件浸入氨基溶剂几个小时后取出，并用肥皂水冲洗干净即可

1. 操作要点

当使用表格中列举的这些去除漆膜的产品时，一定要戴上手套、面罩及护目镜，否则其中所含的有害物质会对皮肤、眼睛及呼吸道造成损害。

使用碱性清洁粉时要万分小心，它不仅剧毒，而且和水反应时会释放出大量热能，会严重烧灼、腐蚀人体。此外，它和水反应时还会释放出大量有毒气体。即便是清洗时也不能掉以轻心，喷溅出的液滴如果不小心接触到眼睛，就会造成严重的伤害。

刹车油对皮肤也十分有害。因此，操作时必须戴上手套。

下面的两个实例分别使用了烧碱和刹车油来清除模型表面的旧漆。

2. 用刹车油去除漆膜

这个车身我故意用了多层不同的漆膜来喷涂，顺序如下：田宫灰色底漆补土、郡士亚克力水性涂料、2k 罩光漆 Nexa Auto-motive。涂层已有十年以上的历史，但喷得不好，这次就拿来当作实验品。

这次使用的刹车油是比较传统的品牌，在普通汽车用品店都可以买到。只要其脱漆剂的成分不流失，就可以重复使用多次。不过由于要将整车淹没，因此每次的用量不小。根据车体大小，每次可能要用掉不止一瓶。

将刹车油倒入容器，再把车身完全浸入两天以上。浸得越久，脱漆效果越好。如果操作正确，后续根本不用笔刷来进行刮蹭。

这次我将车身浸没了整整一周。可以看到，整车的涂料和罩光漆完全脱落了，仅剩下完好无损的底漆补土。

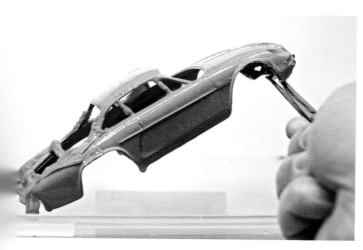

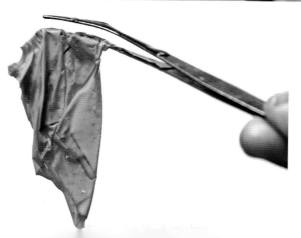

下一步就要用肥皂水清洗零件了，用硬笔刷渗入凹陷和缝隙中将涂料残余及刹车油彻底清除即可。切记一定要清洗彻底，因为遗漏的刹车油可能会在车体表面残留很长时间，再次喷涂时会和新喷的漆膜起反应。下图是经过彻底清洗后的车身零件。

3. 用碱性清洁粉去除漆膜

这次的实验品先上了一层田宫底漆补土，然后又叠加了三层 Parma Faskolor 水性亚克力涂料。

大部分情况下，水性亚克力涂料用酒精就可以去除了，但也会出现酒精无法作用的情况，因此我们只能求助于碱性清洁粉。这次我们照样将零件浸入碱性清洁液，步骤和前一页的刹车油去漆法相同。

零件在碱性清洁液中浸泡至少半小时，然后用擦洗布、硬毛笔刷以及大量的肥皂水进行清洗。

修复零件、处理烂尾、翻新旧模型都可以参考上文的表格进行脱漆。请大家不要随意搭配，否则心爱的模型最终的归宿可能就是垃圾桶。

第九章
旧化技法

模型和其他艺术分支一样，都在不断地进化发展中，而且时常会出现新的趋势和潮流。多年以来，模友们总是对如何表现不同环境下的车辆充满浓厚的兴趣。如今充斥着我们生活的不仅是社交媒体及模型比赛中闪闪发光的崭新车辆，遍布泥浆的拉力赛车、尘土飞扬的卡车以及饱经风霜的机械部件也是随处可见。所有这些效果都可统称为旧化，但它们实际上包含了各种不同的技巧以及可能性，这就是制作模型最纯粹的乐趣所在。模友们需要掌握一些基本的技巧，然后根据自己的能力和喜好进行发展，最终在模型上把自己的技术最大限度地表现出来。新产品和新技法在以后还会陆续出现，即便是新加入的模友，也能使这项爱好得以持续不断发展。本书的后续章节是众多图集，其中部分可能不太合乎某些模友的口味，但我们也可以尝试从其他视角来看待这些口味独特的民用车模，它们将成为我们开工下一个模型的动力源泉，而这种热情是模型制作时不可或缺的。

一、尘土效果

尘土及其处理方法非常重要，它能为我们的模型增添可信度，并使其与周遭环境融为一体。不同的车辆或多或少都会沾染尘土，即便只是临时停靠在路边的车辆也不可避免。除非我们要做出展会上那种亮晶晶的镜面效果，否则任何车辆都应当作出尘土效果。汽车内部也应该表现出粉尘或尘土积聚，车体下部由于和地面最为接近，更是尘土堆积的重灾区，而机械区域附着尘土比闪亮的光滑车体容易得多。切记，水分与机油、润滑油、汽油混合后，更是非常容易吸附尘土。

设定并研究车辆所处的场景十分重要，这是我们选用合适尘土色的依据。偏橙色、偏红色、偏白或偏灰，各种尘土棕色之间的差异可谓大相径庭。

先来看看如何制作挡风玻璃上的雨刮器边缘附着的尘土和雨痕效果。首先用圆规刀裁下形状合适的扇形遮盖纸并贴在车窗上。

用AK的雨痕效果液整体喷涂车窗玻璃并静置几分钟。

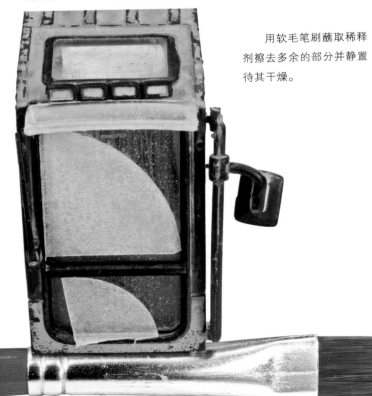

用软毛笔刷蘸取稀释剂擦去多余的部分并静置待其干燥。

揭去遮盖纸就可以看到相当真实的效果。注意珐琅漆其实会和透明塑料反应并使其透明度下降，我们也可以用水性涂料来完成这个步骤，但效果稍差。

我们可以多层薄喷来加强这种效果，漆层之间记得要充分干燥才行。这种效果用来模拟挡风玻璃被尘土和泥土覆盖，从外面完全看不到里面。

车体的其余部分也要用相同手法处理，成品外观才能统一。

汽车侧窗也喷上尘土色漆膜。

这类效果主要用在饱经风霜、疏于保养或被遗弃的车辆上，现实中这类车辆反而不大常见。

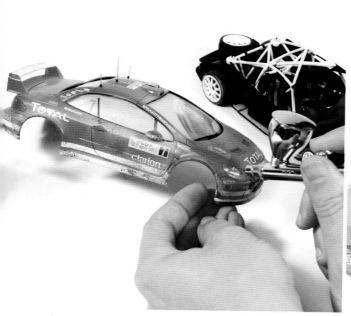

喷涂技法在制作整体的尘土和污垢效果时十分有用。涂料经过高度稀释后，将气泵调为 1 巴压强，再用 AK 的系列旧化产品就可以做出非常真实的效果。

由于擦拭修整比较容易，水性漆很适合在透明件上制作垂纹污渍。

该车的尘土几乎将车身标志完全覆盖了。

我们也可以用干燥的旧化土来做出类似效果，市面上有多种品牌和颜色可供选购。

该车的尘土效果是用珐琅漆做出来的，用软毛笔刷垂着车身从上往下拉，一方面做出垂纹，另一方面做出车辆下部尘土积聚效果。

水平区域的尘土效果也非常抢眼，我们可以依照实车小心地进行处理，切记漆膜要薄，才能得到微妙的效果。

用平头笔刷除去多余的涂料。用心地控制每一次落笔，效果才会好。

在脏污或油脂堆积的表面做出尘土积聚效果，模型的可信度才会提高。请大家品味一下这台拖头后部底盘及机械部位的尘土效果。

二、泥土效果

　　不同类型的黏土之间的外表差异取决于地形、土质的纹理、色泽及亮度，土地的类型和湿度是关键。颜色从黑色到浅棕色、赭石色甚至红色都有，土质干燥后颜色会变浅。

　　抛开色泽不谈，质感也是泥土的一个重要元素，它不像尘土只需考虑色泽就可以，制作泥痕时我们还要加上泥土的质感。市面上有许多现成的产品可供选购，我们既可以直接做出喷溅效果，也可以将旧化土和涂料及石膏混合做出堆积效果。下面我们来看看图中的几个实例。

要做出整体的泥泞效果，可以先在局部做些喷溅。

先在车身底部整体喷涂棕色。

　　混合细沙、亚克力树脂粉末、石膏粉做出厚实的泥巴。

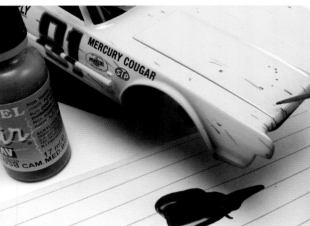

用细笔在发动机盖周边随机点画喷溅的泥点。

仿照真实的泥巴将几种原料混合均匀。

参照实车照片，用旧笔刷蘸取泥浆涂在合适的位置上。

　　　　　　该步骤先不要装上车轮，这样才能深
　　　　　　入到底盘的各个角落。

干燥后使用其他不同的颜色来改变泥土的整体色
调，堆积的湿泥和喷溅的干泥可以形成反差，丰富视
觉观感。

车轮先整体罩光保护，然后施加压力碾过旧化土。

用海绵蘸消光土色在轮胎侧面增加
泥土色调。

将旧化土和罩光漆混合，这样罩光漆可
以当作固定液使用。

先让车辆滚过罩光漆。

再滚过旧化土。

滚过漆再滚过土，
如此反复多次。

最终的成品如下图。

我们也可以用牙签或镊子做出喷溅效果。小心地弹拨蘸了涂料的笔刷，将泥点喷到车体上。注意涂料稀释度要调得稠一些。

我们也可以将气泵调到2巴，然后用喷笔的气流来吹出笔刷上的混合涂料，从而做出泥点喷溅效果。这种方法比上一种更难控制一些，但做出的效果更加真实。建议大家调出各种不同色调的混合涂料丰富表面的颜色层次，最后还可以在混合涂料中加入少许亮光漆来模拟湿泥的光亮效果。

　　湿度最高的黏土或泥巴可以使用亮光漆来制作。先用上述混合涂料在消光表面进行渍洗，这样就能做出未干燥的湿泥质感。一般来说，外层的泥土由于附着时间较短，基本上还保持着湿润状态。干湿混合的效果非常真实，它将会是成品中的一大亮点。请看下图的拖拉机模型，我们就是用了上文提及的这些技巧制作的。

车体内部也会多多少少附着泥土。要做出这种效果，可以在严格控制的前提下画出泥土。将珐琅漆和油画颜料混合并稀释到渍洗液的浓度并涂在车内，混合涂料就会渗透到各种凹陷的地方，呈现出自然真实的外观。

本例中的泥土并不需要太厚实的质感，所以我们将油画颜料调稀，用渍洗的手法来进行这项工作，干燥后也能做出逼真的效果。用 White Spirit 调开珐琅漆和油画颜料涂在凹陷和缝隙中，一方面可以做出尘土效果，另一方面也能做出泥土堆积效果。如需表现湿泥，在涂料中加入一点透明光泽漆就可以了。

三、积雪效果

在各种外界自然环境中，雪中的车辆算是比较少见的，雪地效果的表现也是较具挑战性的技法之一。当然，制作积雪的方法多种多样，这里我们只分享效果最为真实的一种，这种技法能将积雪的质感和色泽完美地表现出来。

市面上也有各种产品可以作为雪景的辅助。微型玻璃珠等产品可以和涂料、白乳胶相混合来做出积雪的质感，也可以用市售的雪景模拟膏作为基质涂在车身合适的地方。我们甚至可以做出积雪融化的最后阶段——雪水混合物，听起来复杂，其实只需将市售补品和亮光漆混合使用就可以了。通过下面的实例，我们来介绍一种简单又有效的积雪制作方法。

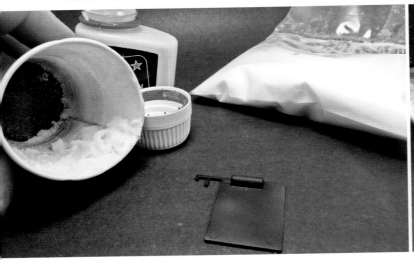

第一层混合物制作的是更加透明且泥泞的积雪。这个步骤只需将市售的雪粉和亚克力树脂粉末混合就可以了。

用画笔蘸混合物在挡泥板表面轻拍。由于后轮运动时常常会将淤泥和积雪甩起，因此淤泥一般出现在车身后方。

再来看看底盘。心中一边琢磨开车时混着积雪的泥土会被甩到底盘的哪些部位，一边将混合物轻戳在这些部位。

车斗底部也是积雪和泥巴堆积的重灾区，钢梁四周都要合理地加上车轮甩上的积雪和泥土。

底部两侧也有许多堆积的淤泥和雪。整条底盘大梁、车尾的差速器及电池箱都要照顾到。

将之前处理过的挡泥板翻转过来，沿着底部边缘的方向加上淤泥。

为了表现盐渍及整体的污垢效果，可以用 AK 的舰船盐渍效果液沿着卸斗的下方及后侧整体喷涂。

干燥后用平头笔刷蘸稀释剂自上而下拉出垂纹。

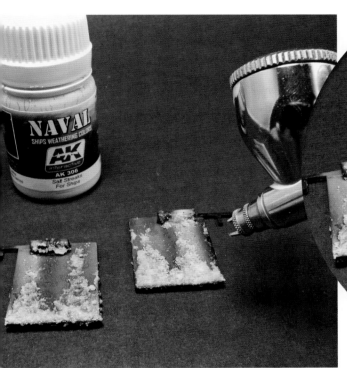

挡泥板上的干泥混合物上也喷上盐渍垂纹效果液。

用田宫水性亚克力涂料的浅灰色薄喷车头，进一步做出褪色及盐渍效果，这样也有助于泥雪混合物在车体漆面上的附着。

在干泥表面涂上一点 AK 079 潮湿效果液

在之前做出盐渍垂纹的地方自上而下地薄喷田宫的浅灰色。

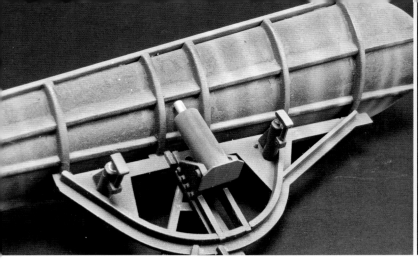

雪铲的后部也稍微用田宫浅灰色做出垂纹。

下一步要做的是更白更松软的积雪。先将白色旧化土、Woodlands 雪粉和白乳胶混匀。

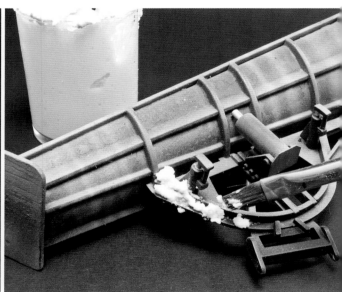

混合后就得到了我们所需的积雪，如果过稠可以加点清水。我还在其中加了点碎玻璃珠来模拟雪花。

接着，在雪铲上部边缘及肋架处逐步添加积雪。心中想象着天上的雪花纷纷垂直落下，然后将积雪混合物涂在最上方隆起的部位。

将混合物涂在雪铲上部，做出较新的积雪。

雪铲前端的积雪主要集中在下方，而且非常厚实。混合物开始凝固时，用笔刷将下端的混合物上拉少许。

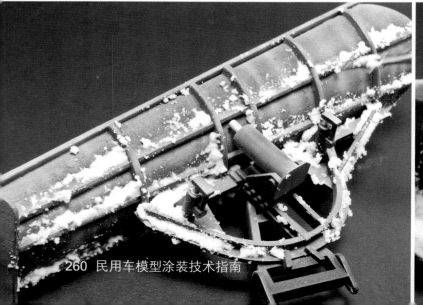

卸斗的肋条上有许多边缘可以添加积雪。当汽车行驶时，空气会将积雪往后下方吹，所以我们要顺着风向堆积。木板的顶端也照此处理。

卸斗的后门和侧面处理方法相同。将积雪填在低处并塞满缝隙，交界处稍微向上拉些垂纹来模拟积雪的边缘。

处理车厢前，先用清水稍微稀释混合物。稀释后的积雪更容易扩散开，用来表现更稀薄、更细碎的融雪。

将稀释后的混合物涂在挡风玻璃的下缘、发动机盖及挡泥板上。

两种浓度的积雪都已涂完，最后我们来增加一些潮湿的效果。再次使用 AK 的潮湿效果液在卸斗上画出垂纹，表现积雪融化后的垂流效果。

顶部也画上一些垂纹即告完工。我们的雪车准备回去清理街道了！

四、机油及燃油污渍效果

在我们所谓的旧化中，机油及燃油污渍痕迹对模型的真实感十分重要。这个步骤通常在涂装之后完成。如果不小心地控制，很有可能会毁了我们之前的辛苦劳动，因此不容小觑。

润滑油及机油会随机地出现在许多地方，但发动机和机械部位会更加集中。新鲜的润滑油颜色较深且发亮；干燥或形成污渍较长时间以后，颜色会变得较浅，透明度更高而且色调暗沉。去一趟修车店我们就能看到很多鲜活的实例，轿车、摩托车、卡车都能为我们提供素材。

我们可以依据这些照片，以真实的方式重现这类液体和液渍的亮度和特性。

润滑油、机油及燃油不会同时积聚。比较常见的情况是，车辆某部位漏油后流下新鲜的油渍，尘土迅速附着其上，于是我们就看到油液和尘土的混合物，厚实且具有多种色调，不可名状。我们还须知道，燃油比机油颜色更红且更透明，随着时间的推移，颜色还会更深。而润滑油几乎都是黑乎乎的。所以说大家如果要做出真实的效果，就必须尽可能了解这类知识的方方面面。

请大家仔细观察油桶上的油脂：肮脏、半光、黑色垂流。

燃油污渍及溢出效果往往非常出彩，但千万不要做过头。

燃油沉积效果

市面上有许多补品可以做出润滑油、机油、燃油、煤油等效果。这类产品的使用方法大同小异：点涂少量在合适的地方（切记不要过火）即可。如果觉得不够，干透后再重复点涂即可。事实上，实车上的这类污渍是由多层累加而成的，我们只要这么做就能实现逼真的透明效果。范例将使用油画颜料、旧化土以及相关产品来做到极致的真实效果。

油箱先用消光铝色进行喷涂。

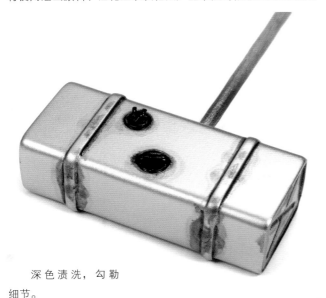

深色渍洗，勾勒细节。

几分钟后，用化妆海绵棒擦去多余的渍洗液。

用黑色或烟灰色油画颜料重复上述步骤，同时画出污渍的底色。

喷涂一层半光罩光漆来保护之前的成果。

添加一点深锈色旧化土来增强效果。

用两种色调的旧化土来添加一层尘土及污垢，这个步骤主要作用在水平面。

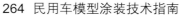

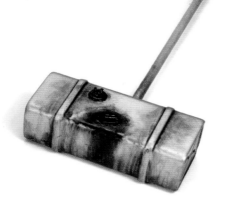

喷涂第二层半光罩光漆后，接着用发动机油污效果液来做出新鲜的燃油溢漏效果。

有时候，在肮脏的表面之间会突兀地出现一部分干净的区域，这是因为新漏出的燃油将污渍冲掉形成的效果。我用干净的画笔蘸稀释剂来做出这种效果。

用烧灼油脂旧化土来做出另一层尘土及污渍。

最后，用轻薄溶媒液来为污渍添加光泽。

五、掉漆效果

大多数车辆，特别是重型机械车辆随着使用时间的增加，都会出现或多或少的漆面剥落或掉漆，露出底层的金属、铝色或纤维。许多技法都能做出这类效果，不过操作起来都有些许难度。要制作真实的掉漆，我们先来看看下面几条基本原则。

· 最常见的情况是由于撞击导致的。车辆和石块或其他小东西直接碰撞，导致漆膜刮擦，露出底层的金属或漆膜以下的材料原色。

· 摩擦导致的掉漆也挺常见。这是一种线状的刮痕，有时候并不会完全将表层漆膜刮去。

· 废弃或十分老旧车辆的掉漆部位会表现出锈迹斑斑的状态。

· 当车辆受到外力猛撞，碰撞处会出现凹陷，破碎的漆膜会跳开并飞散，留下不规则的边缘。

· 有些特殊材质的部位也会出现掉漆，例如橡胶、挡泥板、木质车厢或行李箱等。这类材质的掉漆会呈现出比较微妙的效果。

确定材质对真实地表现掉漆非常重要。如果最外层的漆膜脱落，底漆或金属本色就会呈现出来。同时，我们还要清楚这部分金属是否会生锈，例如铝合金的汽车轮毂即使暴露在空气中，它也不会像钢板一样被氧化（Fe_2O_3）。

另一个需要考虑的因素就是掉漆的颜色。虽说掉漆颜色并无统一标准，但大多数情况下，深棕色是最常见的。AK 711 掉漆效果液就可以准确地表现出这种颜色。选用正确的色泽才能使模型更具真实感，成品效果也会更加引人注目。切忌使用黑色或浅棕色来制作掉漆。

下面来看看如何使用多种不同技法来制作真实的掉漆和刮擦。根据表漆、底漆、形状等不同因素，有些掉漆和刮擦会集中出现，有些则随机分布。

挖斗使用另一种颜色。

我们应当牢记，几乎每一处刮擦或磕碰都是由不同原因引起的，它取决于在表面的位置及操作中的磨损等因素。

图例的挖掘机表现了夸张但不失真实的掉漆和刮擦效果。我们还需考虑车辆是否处于废弃状态，抑或保养良好，还是正处于工作状态。基于这些因素，我们才能在车辆的不同部位或多或少地添加掉漆，并使模型整体统一起来。

1. 海绵掉漆法

有些部位的掉漆和刮擦种类较多，要做出满意的效果实属不易，卡车后斗的活动门即是一例。然而，利用海绵掉漆法就可以做出令人赞叹的效果。这种方法说白了就是用小块海绵蘸取涂料点涂在合适的地方。建议大家将该技法用在挡泥板和底盘上，因为这些地方的掉漆分布比较随机且细碎。开工前，海绵要呈半干状态且相对浓稠。该技法和画笔点涂配合运用就可以做出非常真实的掉漆。

不同的海绵做出的掉漆外观不同。较厚较硬的海绵适合用在大比例模型上。

2. 点涂掉漆法

这几乎是车辆模型中最精细的工作之一，所需工具为极细面相笔和深棕色涂料。根据材质的不同，如果要做出底层的裸露金属效果，还需要用到铝色等金属色。切记掉漆不能出现规则的样式，不规则且细碎是唯一的原则。千万不能出现边角圆滑或成片云状的掉漆（这种情况出现的原因一般是涂料过稀或选用的画笔过粗）。如果掉漆的面积较大，记得用细碎的小面积组成大面积的手法点涂，做出的效果才会真实。

有些模友会使用美术中常见的手法，在掉漆边缘用细线描绘一圈，这样会产生三维效果，增加视觉纵深。

3. 刮擦掉漆法

几乎所有的车辆都无法避免日常使用中的刮擦。最常见的情形是开动中的汽车被小石块或树枝等硬物迎面击中或刮过，从而形成一条较长的刮痕。这类刮痕往往直接刮去浅表层的漆膜，露出下方的底漆，但也时常出现表层漆膜受到刮擦颜色变浅，但却未被完全刮除的现象。因此，我们可以用比表层颜色更浅的涂料来表现这种效果。这类刮擦往往只能算是面漆的皮外伤而已。

下图的范例中，我们可以用一块细目砂纸来磨蹭出刮擦效果。先用砂纸表面蘸取我们想要表现的磕碰物的颜色（例如另一台车的面漆），然后在车体表面摩擦做出对面漆的破坏效果，表现其似乎真的经历过刮蹭一样。

选择一块区域，用细笔蘸取比面漆更浅的颜色进行修饰并强调细节，增加色彩的纵深。

4. 掉漆液掉漆法（发胶掉漆法）

　　如果是大范围的刮擦、掉漆和锈蚀，这种方法能够表现出多层次的漆膜剥落、随机细碎的掉漆形状，效果非常真实且自然（因为这种方法的原理本来就是真实的漆膜剥落）。我们可以从下图的范例中品味一下如此大面积的锈蚀效果是如何做出来的。事实上，目前似乎也没有其他方法能够与之比肩。先用深棕色整体喷涂车辆并静置干燥。

　　然后再整体喷涂掉漆效果液（这次选用的是 AK 的掉漆液，可喷涂亦可笔涂。根据效果液厚度不同，做出的掉漆强度也不同），干透后再用绿色水性漆喷涂全车（必须是水性漆！）。绿色面漆干透后，用蘸了清水的画笔在表面刮擦，面漆由于隔了效果液，就会很容易从底层的棕色漆膜上脱落，从而形成斑驳的锈蚀效果。

　　由于其专业的配方，这种掉漆液比发胶更胜一筹。发胶状态较不稳定，有可能出现不可预期的效果，而且容易留下残余物，对湿气的抵抗力也较差。由于发胶在表面的附着程度不一，剥落时可能出现问题，甚至会出现粘附等现象。掉漆液使用方便，容易控制，根据掉漆效果不同又有两种产品可供选择：轻度掉漆液及重度掉漆液。

5. 食盐掉漆法

这种技法多年前开始就很受欢迎，如今还有部分模友仍在使用，近几年来也衍生出了多种操作手法的变体，算是历久弥新的技法。食盐掉漆法的原理其实就是在底漆上粘附食盐颗粒并喷涂面漆，随后洗去盐粒，露出底漆的色泽。

如果是制作废弃或长期疏于保养的车辆，这种方法由于其独特的掉漆形态，做出的效果十分真实，因此很受欢迎。

先用锈棕色整体喷涂全车，或者使用金属色底漆来制作掉漆后露出金属材质的效果。涂料干燥后，用清水润湿模型表面，将盐粒放置在需要做出掉漆的地方。清水蒸发以后，食盐颗粒就被暂时固定在模型表面了。这时候就可以喷上面漆，干透后再用笔刷蘸少量清水清洗表面即可。

建议大家将粗细不同的盐粒混用，这样做出来的表面才会丰富，效果更真实。

底色可以只用单色来进行涂装，也可以添加多种色调，增加变化。

将食盐洒在用清水润湿过的车体上并等待干燥，清水在这里是作为固定液使用。

食盐固定好以后，整体喷涂面漆。

由于只用清水暂时固定，且表层漆膜很薄，因此用一支画笔就可很容易地将盐粒清除掉。

如果还需喷涂第二层颜色，可以遮盖局部再进行喷涂。

6. 车辆磨损及车体漆膜的色调变化

随着时间的推移，车身漆膜会逐渐显露长期使用的痕迹。车辆历经风吹日晒，暴露在各种环境中，车身漆膜会逐渐褪色并失去光泽。

这种效果是在底色的基础上用褪色色调（低饱和度颜色）的油画颜料或滤镜液来制作的。

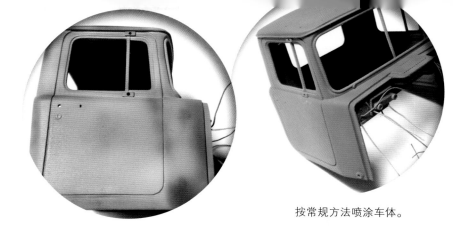

按常规方法喷涂车体。

添加不同颜色做出阴影和色调变化。

在主体绿色中添加不等量的黄色和白色，喷涂出褪色效果。

用浅绿色和黄色油画颜料增添表面色调的层次。油画颜料渗入表层漆膜后会呈现出非常微妙的色调变化。

为了做出这种褪色效果，先整体喷上深绿色，然后在深绿中添加少量黄色和白色调整色调（做出偏差）。喷涂时使用的是顶部光源法，也就是想象光源垂直于模型的正上方，顶部正中就是高光的最亮处。

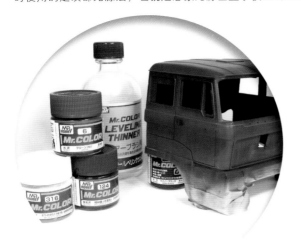

涂料要高度稀释，做出的效果才会过渡自然。

将涂料高度稀释并喷涂，做出微妙的过渡感。

我们要牢记，并非车辆的所有部位都是暴露在相同的阳光和外界条件下的，车厢的后部旧化就和其他部位大不一样。

实车的最外层涂料或罩光漆由于直接和外界接触，使用一段时间后不可能光亮如新，因此最后得再整体喷上一层哑光罩光漆。

我们要在这台旧皮卡上做出重口味的旧化及锈蚀效果,让它周身布满密密麻麻的掉漆和刮擦。本车的设定是老旧但却堪用的车辆,这个特点在后续的旧化中将会时刻体现。

并非所有车辆都适合所有的这些效果,因此我们要谨慎地选择主题。

喷涂各种色调的橙色、黄色、白色,丰富车体的色彩层次。也可以用油画颜料或滤镜液来进行这个步骤。

用一块纸板作为遮盖,为车体表面增添色彩深度和色调。

内部也用同样方法进行旧化。

掉漆的区域及消光褪色的漆膜使全车显得饱经沧桑,风尘仆仆。

六、废弃车辆的旧化效果

废弃车辆应该算是旧化效果的极致表现了。这类模型为我们敞开了一扇门，让我们自主决定车辆的废弃程度。本书将成时，我对这类型的车辆更加着迷，它们能够将模型艺术发挥到极致，最大程度展现出这个近几年来才慢慢兴起的民用模型分支的巨大魅力。

还存在着无数的可能、各种层出不穷的新技法、新效果、新产品来为我们心爱的模型升级。

"垂纹"是尘土和锈蚀被雨水冲刷后，在车辆表面形成的垂直条纹状积聚。这类纹路在全车各处都有可能出现，也成为车体褪色的重要原因之一。沉积和堆积效果则在水平面上十分常见，它们是由于液体中的水分蒸发，在车表留下固态物所形成的效果。再加上尘土、污渍及苔藓在车体上生根发芽，历经旧化的车辆展现出了一种特别的美感，令人回味无穷。

添加一些小配件，使全车更具真实感。

上图货车原本的蓝色和大片的橙色形成了强烈反差，两种颜色相得益彰，富有美感。

这台悲惨的凯迪拉克经过渍洗并添加了垂纹效果。记住所有的部件都要考虑到，以使全车呈现出统一的废旧外观。

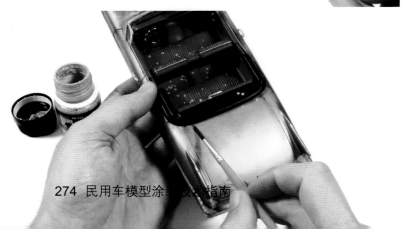

垂纹：用一支较细的圆头画笔随机地在车体侧面上画出垂直的污渍或锈蚀线条，注意长短粗细不能一样，要尽可能多样化，且注意不要对称。

静待大约半小时让其干燥，将平头笔刷用溶剂润湿后从上到下刷，直至得到满意的效果。

如有需要，可用另一种色调或浓度的涂料重复以上步骤。

图中车辆的车顶锈迹斑斑，周边由于湿度过大还零星地缀上了青苔，看起来非常生动。

废弃的 DS 老爷车

　　下面我们就来看看如何做出真实的废弃车辆。这次选用的是来自法国的 DS Special，制作的初衷是郊外野地里的这台废弃的实车，因此我们要尽可能地向实车靠拢并添加细节。

假组完毕后，用电磨切下车体的右后部。

车体内部也要旧化，添加一些用 RP Toolz 出品的树叶制作器切出的叶子。这类小道具要和车内外的气氛统一，效果才会真实。

用电动工具在车体内侧打薄，再用笔刀由内到外开口，做出车体锈蚀的真实效果。

如图所示遮盖外部车体，用较浅的褪色灰薄喷几层，旧化后在内部粘上一些杂草和苔藓。

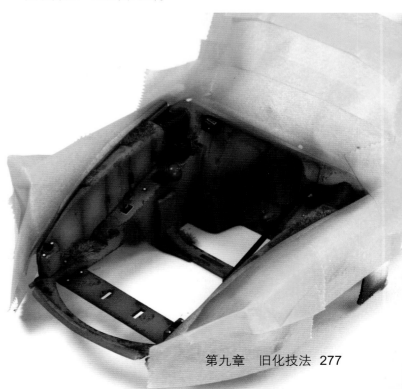

图中实车的发动机盖内侧有部分覆盖着绝缘布，我们可以用真实的薄布来制作。

用褪色绿涂装绝缘布，并在肋架周围用深棕色及锈色进行渍洗。

实车车顶盖着一层橡胶薄膜，这部分我们可以用金属箔来表现。

安装到位以后，先在金属箔上整体涂布一层用水稀释过的白乳胶，然后再撒上 Deluxe 出品的雪花。

干透后用黑色涂装，做出橡胶的质感，周边区域用不同色调的锈色进行修饰。

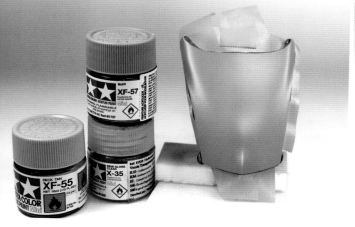

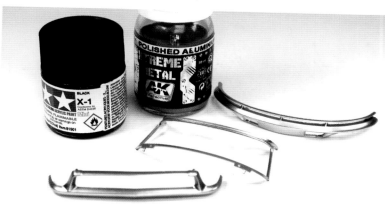

发动机盖上整体喷涂一层咖啡牛奶色。

别忘了金属部件。实车上的镀铬件经过风吹日晒会失去光泽，因此我们用抛光铝色来代替。

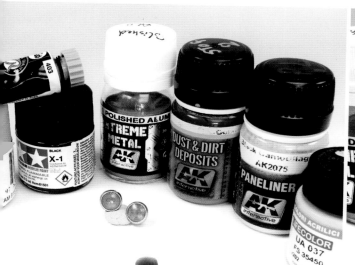

底色不应覆盖车表受损的部位，这样就能增添色调的丰富程度。

用海绵蘸取Lifecolor锈色系列涂料，做出掉漆效果。

别忘了车窗的旧化，记得用上我们之前介绍过的"雨刮器特效"。

接着增加镀铬件的褪色效果。注意底色不应覆盖车体生锈的部位。做到这一步，模型已经初现真实与趣味了。

装上车顶。

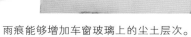

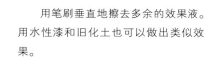

雨痕能够增加车窗玻璃上的尘土层次。

用笔刷垂直地擦去多余的效果液。用水性漆和旧化土也可以做出类似效果。

第十章

场景及人物制作技巧

场景中的配件很大程度上能够改变车辆的外观，使情景模型更加夺人眼球。市面上有许多厂商出品过 1:43、1:32 及 1:24 的配件。

配件的种类多种多样，小到箱盒纸张，大到手提箱、货物、冰箱，甚至加油机，任何我们想象得到的都可归于此类。这些配件都要单独上色，运用和制作车体不同的技法来处理，做出和车辆旧化完全不同的效果。如此，便能使车辆的整体观感焕然一新。下面的章节将要分别阐述不同配件的涂装要点。

尽可能多地拍下各种工具和周边环境的实物照片很有必要，这些照片对我们的制作和旧化有很大帮助。

实物照片还能为我们提供灵感，有助于在头脑中构建场景，为以后开工的模型打下基础。

一、附件及小配件的制作

在众多的民用场景中，小工具是非常有用的配件。图中的工具箱是蚀刻片产品，因此我们很容易就能在箱体表面做出各种凹痕。由于尺寸太小，成品并不能随意开合，但我们可以放一些精巧的蚀刻片工具在里面。当然，这些小工具都要单独进行涂装。

大比例的蚀刻片工具箱制作起来并不困难，它在各种场景里都能很容易地吸引住观众的注意力。

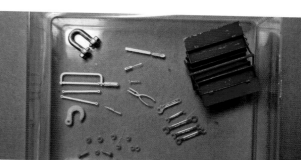

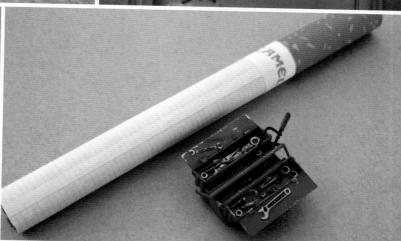

这是一个1:24的工具箱。

1. 可乐售卖机

喷涂树脂底漆后，整体用白色进行涂装，然后遮盖白色的部分。接着喷上红色，静置一天待其干燥，然后再笔涂黑色部分。接下来，用细笔蘸深色渍洗液涂在凹陷和缝隙处，十分钟后用蘸了稀释剂的棉签擦去多余的渍洗液即可。切去大部分的水贴白边后贴上水贴，最后整体喷涂光泽透明漆，基础工作即告完成。旧化时，选择性地点涂锈色掉漆，再加上一些旧化土做出长期放置在室外的尘土效果。

2. 制冰机

　　制作制冰机需要一些不同的技巧，看似简单但成品却令人惊艳。制冰机的作用是使车辆模型和周遭环境融为一体，使时间定格，所以我们要预先决定好这些机器遭受遗弃的时间和旧化的程度。场景中各种配件和人物的有序组合向观众传递的信息，和将它们单独陈列反映出的意味是完全不同的。

　　该制冰机由 DOOZY 出品。先整体喷涂白色，然后用田宫 XF-16 消光铝色涂装金属部分，第一遍渍洗完上水贴，整体喷涂光泽罩光漆，准备进入旧化环节。用上各种不同的旧化土，做出摆放在海滩附近加油站的氛围。

3. 报箱

这个 DOOZY 出品的 1 : 24 报箱可谓
创意十足。

用补土填缝。

整体用白色进行涂装，这样后续添加的颜色才会比较明快。

一个涂成黄色，另一个涂成蓝色。

局部渍洗能够增加色彩深度并凸显细节。

用深棕色进行局部渍洗。

用石墨铅笔做出掉漆。

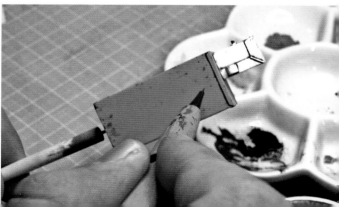

单独涂装窗框等零件。

贴上水贴，整体喷涂超级消光罩光漆。

侧面添加污渍垂纹。由于长期放置在室外，这类机器很容易肮脏。

玻璃窗中陈列的待售报纸也有随套件附赠。

再次喷涂罩光漆，保护之前做出的效果。

用石墨铅笔在边缘摩擦出金属光泽。

底部可添加一些尘土色旧化土。根据环境设定不同，选择合适的色调来制作即可。

4. 报箱（复杂版）

同样是 DOOZY 出品的 1 : 24 报箱，这回我们来尝试一下重口味旧化。

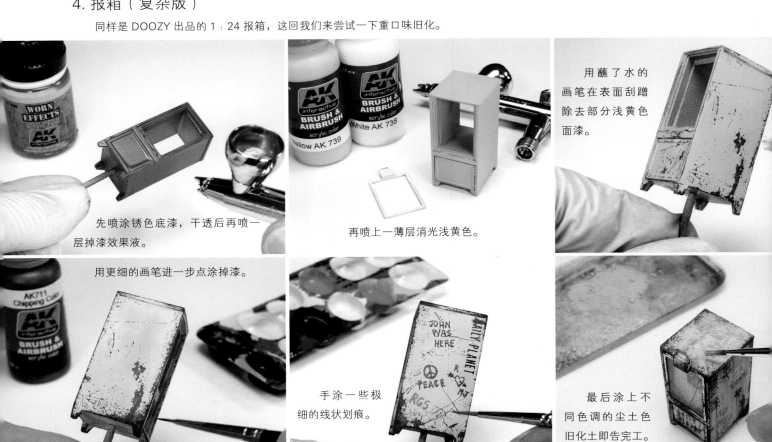

先喷涂锈色底漆，干透后再喷一层掉漆效果液。

再喷上一薄层消光浅黄色。

用蘸了水的画笔在表面刮蹭除去部分浅黄色面漆。

用更细的画笔进一步点涂掉漆。

手涂一些极细的线状划痕。

最后涂上不同色调的尘土色旧化土即告完工。

重度旧化后的饮料机效果非常真实。

5. 加油机

先用锉刀和砂纸打磨这台DOOZY出品的加油机并喷上底漆补土，然后整体喷涂白色，为后续的涂装打好基础。接着遮盖白色部分，再用银色漆手涂金属部分，尽量做出不规则、不均匀的感觉。用喷笔做出的感觉较新，无法达到我们所需的沧桑感。涂装过程中，建议用夹子等工具来固定零件，以便操作，应极力避免涂装时接触到零件表面。涂装完成后，接着再进行渍洗和锈色涂装。最后贴上水贴纸，并整体喷涂罩光漆，即告完工。

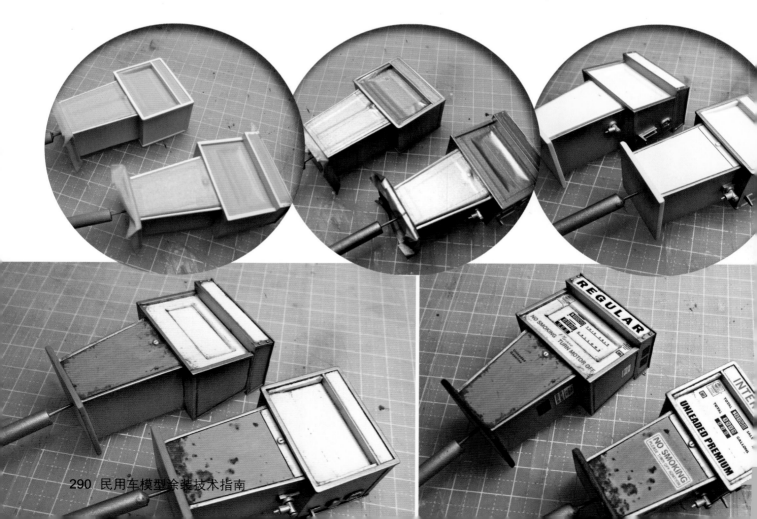

6. 简单的混凝土建筑

在中等大小的情景模型里，结构简单的小型建筑也能起到画龙点睛的作用。各类建筑物都可以参考本例进行制作。先参考实物图片或自行设计，用塑料或巴沙木搭建骨架，在这基础上安装墙体，做出混凝土外观即可。接着喷涂灰色作为底色（本例我们在底色下还预喷了一层稀释过的补土），将灰色调出深浅做出偏差色，注意要特别强调高光，其余部分则用深灰来做出对比和反差。贴好水贴，安装自制的金属房顶后，在地板和建筑物下方稍加渍洗，做出潮湿肮脏的感觉即可。

7. 树木及垂直元素

　　无论是现实还是艺术，垂直元素都是场景构建中非常重要的一环。它们是构成高度的主体，从而实现场景从平面到立体化的发展，形成 3D 效果，进而还能实现整体场景的平衡与和谐。本节并不会专注于构成场景的要素，而只是简单地和大家分享如何在模型中添加树木和电线杆。

　　市面上有一些激光切割的树叶成品可供选购（也有类似的蚀刻片产品），我们只需简单地用马克笔或亚克力漆上色即可。树干则是从野地里捡来的树枝。寻找这类材料时一方面要考虑比例大小，另一方面也要考虑其质地。百里香之类的小灌木可以用来作为制作树木的基础，但不同地形上生长的树木是不一样的，这点需要特别小心。场景中的树木做出来并不难，但需要耐心一片片地将树叶粘在树枝上，过程比较烦琐。

下面就来看看如何用主干做出树木并添加树枝。先整体喷涂底漆补土并上色，这样一棵东拼西凑的树木就融为一体了；然后在枝条上洒下一些草粉或树种来做出树叶和果实。

这类人造垂直元素制作起来并不难，上面可以添加各种令人赞叹的细节，希望大家可以从下面几张图里得到启发。自制的材料也是随处可见，而且只要用心，就可以从生活的各个角落发掘出无限的可能性。带上相机出门，在大自然中搜索合用的素材吧！

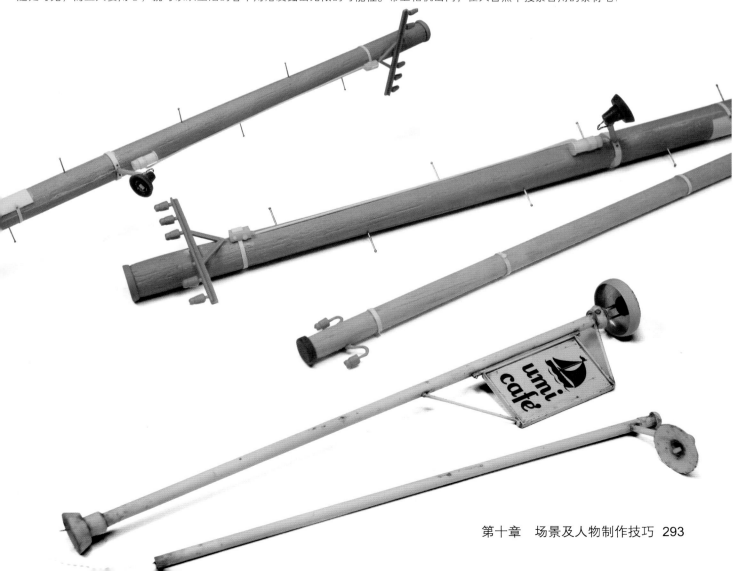

其他这些场景或车辆模型中出现的小配件，我们既可以参照照片来选购市售的补品，也可以利用各种技巧进行自制。民用模型的参考图片似乎不如军用模型那么丰富，我们经常需要发挥想象力来制作。

优秀的涂装技巧不仅可以使这些小配件显得异常真实，而且丰富的色彩也可以为模型增添不少情趣，显得与众不同。

8. DOOZY 1：24 电话亭

这个电话亭的涂装相对比较容易。它的主体由简单的几部分组成，只需添加上电话线就可以了。电话机喷涂金属色后贴上水贴，再稍加旧化就可以做出非常真实的效果。

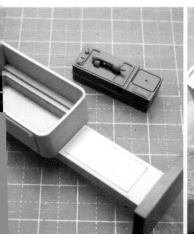  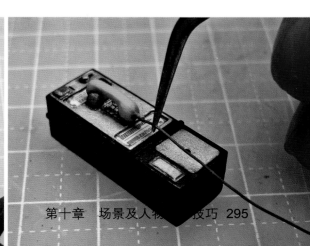

二、人物的制作

人物模型非常关键，它们能够很好地阐述场景所描述的故事，而人形涂装则是重中之重。市面上这类书籍汗牛充栋，人形涂装的各种技巧都有涉及。

民用车辆模型中，驾驶员和车组是最常见的人形。不过只有这两种类型是不够的，我们还须学习如何利用各种群众演员来构建一个更加复杂的场景。

人形的姿势或形态、头部（目光）或手臂的方向，这些因素都会使观众的注意力聚焦在主角注视或手指的方向。

三、展示地台

本节的主题是模型的展示。它不仅仅只是起到展示作用，而且应该成为车辆模型的一部分，使整件作品得以提高一个档次。地台是用带有透明盒体的展示盒，还是仅用一个最原始的底盘，其中大有讲究。模型的摆放也是一门学问，要想我们都花了那么多时间在模型制作上了，没有理由不好好地将其展示出来。一个随意选择的地台可能会毁了整个模型；反之，一个精心准备的地台能为模型加分不少。与其随意地抓来一个地台凑合，还不如根本不要用。

无论是参加比赛还是家中陈列，我们都希望能够将模型最美的一面展现出来。试图在短短的篇幅中讲解清楚如何展示模型并影响观众的观感，恐怕没那么容易，因为实在有太多因素需要考虑周全。通常来说，黑色塑料地台就能很大程度地满足我们的基本要求，仅仅3厘米高的地台就足够了，大家可以参考以下的图例。当然，最终如何选择完全取决于个人的口味和喜好。

这个梯形展示地台并非木制，原始的设想是将这台 F1 赛车的诸多元素拆解展示。如有需要，可在底座下方增加一块平板。

Porsche 962C (Le Mans 1985)
Ickx - Mass
2013

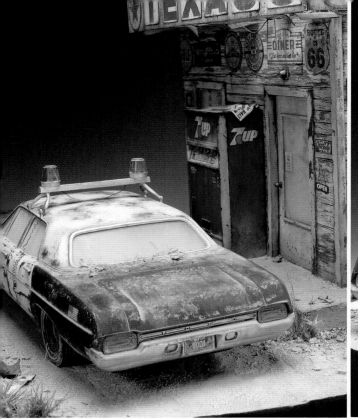